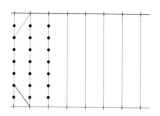

图1-1 基准线定位法

图2-171 粘虫板——黄板　　图2-172 粘虫板——蓝板

（a）瓢虫　　　（b）草蛉　　　（c）赤眼蜂

图2-173 常见天敌昆虫　　　　　图2-174 国槐尺蠖（吊死鬼）

图2-175 桑褶翅尺蛾　　图2-176 黄刺蛾　　图2-177 柳毒蛾

图2-178 天幕毛虫　　　　　　　图2-179　　　图2-180
铜绿金龟子　　杨梢叶甲

图2-181 杨叶甲　图2-182 柳叶甲　　图2-183 大青叶蝉（左幼虫，右成虫）

图2-184　斑衣蜡蝉　图2-185　黄斑椿象　　图2-186　蚜虫

图2-187　红蜘蛛　　图2-188　　图2-189　　图2-190　草履蚧
月季白轮盾蚧　常春藤圆盾蚧

图2-191　图2-192　图2-193　图2-194　图2-195　合欢吉丁虫
光肩星天牛　星天牛　桑天牛　云斑天牛

图2-196　杨干象甲　图2-197　蛴螬　图2-198　蝼蛄　图2-199　地老虎

图2-200　种蝇　图2-201　大灰象甲　图1-202　黄栌白粉病　图1-203　葡萄白粉病

图2-204　玫瑰锈病　　　图2-205　梨锈病　　　　　　图2-206　杨树锈病

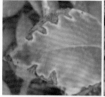

图2-207　山茶叶斑病　图2-208　榆叶梅叶斑病　图2-209　山茶炭疽病　　　图2-210
　　　　　　　　　　　　　　　　　　　　　　　　　　　　　　　　大叶黄杨炭疽病

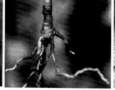

　　图2-211　　　　　　图2-212　　　　　　图2-213　　　　　　图2-214
橡皮树炭疽病　　　金边瑞香茎腐病　　　菊花茎腐病　　　　月季黑斑病

　　图2-215　　　　　　图2-216　　　　　　图2-217　　　　　　图2-218
茶花黑斑病　　　　　蜡梅叶枯病　　　　广玉兰叶斑病　　　　桂花叶枯病

图2-219　　　图2-220　　　　图2-221　　　　图2-222　　　　图2-223
桃穿孔病　　樱花穿孔病　　月季癌肿病　　病株上的癌瘤　　杨树根瘤病

图3-1　广玉兰形态特征

图3-2　广玉兰园林应用

图3-3　香樟形态特征

图3-4　香樟园林应用

图3-5　香樟大树移植观赏效果

图3-6　杜英形态特征

图3-7　杜英园林应用

图3-8　女贞形态特征

图3-9 女贞的园林应用   图3-10 桂花形态特征

图3-11 桂花园林应用   图3-13 油松形态特征

图3-14 油松园林应用   图3-15 雪松形态特征

图3-16 雪松园林应用   图3-18 侧柏形态特征

图3-19 侧柏园林应用

图3-20 榕树形态特征

图3-21 榕树园林应用

图3-22 棕榈形态特征

图3-23 棕榈园林中应用

图3-24 垂柳形态特征

图3-25 垂柳园林应用

图3-26 毛白杨形态特征

图3-27　毛白杨园林应用

红叶杨一代　　红叶杨二代　　红叶杨三代

图3-28　中华红叶杨形态特征

图3-29　中华红叶杨园林应用

图3-30　龙爪槐形态特征

图3-31　龙爪槐园林应用

图3-32　黄葛树形态特征

图3-33　黄葛树园林应用

图3-34　流苏树形态特征

图3-35　流苏树园林应用

图3-36　二球悬铃木形态特征

图3-37　二球悬铃木园林应用

图3-38　银杏形态特征

图3-39　银杏园林应用

图3-40　泡桐形态特征

图3-41　泡桐园林应用

图3-42　合欢形态特征

图3-43　合欢园林应用　　　　　　　　图3-44　七叶树形态特征

图3-45　七叶树观赏效果　　　　　　　　图3-46　复叶槭形态特征

图3-47　复叶观赏效果　　　　　　　　图3-48　鸡爪槭形态特征

图3-49　鸡爪槭园林应用　　　　　　图3-50　红槭（鸡爪槭变种）园林应用

图3-51 羽毛槭（鸡爪槭变种）园林应用 　　　　　图3-52 紫叶李形态特征

图3-53 紫叶李园林应用 　　　　　图3-54 西府海棠形态特征

图3-55 西府海棠园林应用 　　　　　图3-56 玉兰形态特征

图3-57 玉兰园林应用 　　　　　图3-58 碧桃形态特征

图3-59 碧桃园林应用　　　图3-60 梅花形态特征　　　图3-61 梅花园林应用（一）

图3-62 梅花园林应用（二）　　　图3-63 樱花形态特征　　　图3-64 樱花园林应用

图3-65 柿树形态特征　　　　　图3-66 柿树园林应用

图3-67 苹果的形态特征

图3-68 苹果的观赏效果
（疏散分层形）

图3-69 苹果的观赏效果
（"Y"字形）

图3-70 夹竹桃形态特征

图3-71 夹竹桃园林应用

图3-72 瑞香形态特征

图3-73 瑞香园林应用

图3-74 栀子形态特征

图3-75　栀子园林应用　　　　　　　　　　　图3-76　夏季红叶石楠

图3-77　秋季红叶石楠　图3-78　红叶石楠绿篱　　　　图3-79　红叶石楠修剪造型

图3-81　红花檵木自然丛生形

图3-80　红花檵木形态特征　　　　　　　　图3-82　红花檵木绿篱

图3-83　红花檵木圆头形　　　图3-84　红花檵木造型树　　　图3-85　茶花形态特征

图3-86 茶花园林应用

图3-87 三角梅形态特征

图3-88 三角梅园林应用(一)

图3-89 三角梅园林应用(二)

图3-90 枸骨形态特征

图3-91 枸骨园林应用

图3-92 杜鹃花形态特征

图3-93 杜鹃花园林应用

图3-94　月季花形态特征

图3-95　月季园林应用（一）

图3-96　月季园林应用（二）

图3-97　火棘形态特征

图3-98　火棘园林应用

图3-99　大叶黄杨形态特征

图3-100　大叶黄杨的园林应用

图3-101　小叶黄杨形态特征

图3-102　小叶黄杨园林应用　　　图3-103　蜡梅形态特征　　　图3-104　蜡梅园林应用

图3-105　石榴形态特征　　　　　　图3-106　石榴园林应用

图3-107　木槿形态特征

图3-108　木槿园林应用　　　　　　　　　图3-109　紫薇形态特征

图3-110　紫薇园林应用　　　　　　　　图3-111　紫荆形态特征

图3-112　紫荆园林应用（一）　　　图3-113　紫荆园林应用（二）　　　图3-114　巨紫荆行道树

图3-115　榆叶梅形态特征

图3-116　榆叶梅园林应用　　　　图3-117　紫丁香形态特征　　　　图3-118　紫丁香园林应用

图3-119　牡丹花的形态特征　　　　　　图3-120　牡丹园观赏效果

图3-121　金叶连翘形态特征

图3-122　连翘园林应用

图3-123　中华金叶榆形态特征

图3-124　中华金叶榆园林应用（一）

图3-125　中华金叶榆园林应用（二）　　　　图3-126　小叶女贞形态特征

图3-127　小叶女贞园林应用（一）

图3-128　小叶女贞园林应用(二)

图3-129　紫叶小檗形态特征

图3-130　紫叶小檗园林应用

图3-131　凌霄形态特征

图3-132　凌霄的园林应用

图3-133　厚萼凌霄（长长的气生根）

图3-134　紫藤形态特征　　　　图3-135　紫藤园林应用

图3-136　木香形态特征　　　　图3-137　木香园林应用

图3-138 葡萄形态特征　　　　　　　图3-139 葡萄园林应用

黄金间碧玉竹　　　　　小琴丝竹　　　　　龟甲竹　　　　　大佛肚竹

红竹　　　　　　　　　　　白哺鸡竹

铺地竹　　　　　　菲白竹　　　　　菲黄竹

图3-142 竹的种类

园林苗木繁育丛书

常见园林树木移植
与栽培养护

CHANGJIAN YUANLIN SHUMU YIZHI
YU ZAIPEI YANGHU

张小红 编著

化学工业出版社

·北京·

本书分为园林树木的移植、园林树木的养护管理、常见园林树木的移植与栽培养护三章。第一章主要讲解园林树木栽植、苗木移植、大树移植及特殊立地环境的树木栽植；第二章主要讲解园林树木的土肥水管理、整形修剪、树体保护与修补、自然灾害及病虫害防治，并重点讲解园林树木 30 种主要病虫害的防治技术；第三章详细介绍了 31 种乔木、25 种灌木、4 种藤本及竹类的移植与栽培养护技术。书中应用大量图片，重点讲解园林树木的起挖、包装、吊运、栽植及伤口治疗、补树洞、枝干加固，图文并茂，通俗易懂，可为园林工作者提供详尽的操作指南。

图书在版编目（CIP）数据

常见园林树木移植与栽培养护/张小红编著. —北京：
化学工业出版社，2015.12（2025.1重印）
（园林苗木繁育丛书）
ISBN 978-7-122-25570-9

Ⅰ.①常… Ⅱ.①张… Ⅲ.①园林树木-移植②园林树木-栽培技术 Ⅳ.①S68

中国版本图书馆 CIP 数据核字（2015）第 259547 号

责任编辑：李　丽　　　　　　　文字编辑：王新辉
责任校对：边　涛　　　　　　　装帧设计：刘丽华

出版发行：化学工业出版社（北京市东城区青年湖南街 13 号　邮政编码 100011）
印　　刷：北京云浩印刷有限责任公司
装　　订：三河市振勇印装有限公司
850mm×1168mm　1/32　印张 10½　彩插 12　字数 302 千字
2025 年 1 月北京第 1 版第 11 次印刷

购书咨询：010-64518888
售后服务：010-64518899
网　　址：http://www.cip.com.cn
凡购买本书，如有缺损质量问题，本社销售中心负责调换。

定　　价：39.00 元

前言

　　园林树木的移植与栽培养护是使园林植物适应环境，克服自然灾害和病虫害的侵袭，保持健壮、旺盛的自然长势的有力保障，是提高城市绿化水平、巩固绿化成果的关键。

　　本书共分三章，第一章主要讲解园林树木栽植、苗木移植、大树移植及特殊立地环境的树木栽植；第二章主要讲解园林树木的土肥水管理、整形修剪、树体保护与修补、自然灾害及病虫害防治，在园林树木病虫害防治一节中重点讲解园林树木 30 种主要病虫害的防治技术；第三章详细介绍了31 种乔木、25 种灌木、4 种藤本及竹类的移植与栽培养护技术。书中应用大量图片，重点讲解园林树木的起挖、包装、吊运、栽植及伤口治疗、补树洞、枝干加固，图文并茂，通俗易懂，以期为园林工作者提供详尽的操作指南。

　　在本书的编写过程中，得到了河北北方学院园艺系冯莎莎、贾志国、郑志新老师的协助，在此表示衷心感谢。书中图片大部分由笔者自己拍照和绘制，同时笔者也对提供资料和协助本书写作的同志，表示诚挚的谢意。

　　由于编写时间仓促，书中不足之处在所难免，恳请读者批评指正。

编著者
2015 年 10 月

目录

第一章　园林树木的移植

第二章　园林树木的养护管理

第三章 常见园林树木的移植与栽培养护

参考文献

第
一
章

园林树木的移植

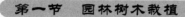

第一节 园林树木栽植

一、园林树木栽植概念

园林树木的栽植是将树木从一个地点移植到另一个地点，并使其继续生长的操作过程。园林树木栽植前，首先要做好绿化设计，设计要充分体现出植物配置的科学性、经济性和艺术性，然后栽植。严格地讲，栽植包括三方面内容，即起挖、搬运、种植。

1. 起挖

起挖指将被移栽的树木自土壤中带根挖起，分为裸根起挖与带土球起挖两种方式。

2. 搬运

搬运指将树木进行合理的包装，用一定的交通工具（人力、车辆或机械等）运到指定的地点，分人工运苗与机械运苗两种方式。

3. 种植

种植指将被起挖的树木按要求重新栽种的操作，其中包括假植、移植、定植。

（1）假植 指短时间或临时将苗木根系埋在湿润的土中。因假植的原因不同，假植的时间和方法也不同。通常将假植分为苗圃中假植和出圃后假植。

① 苗圃中假植。多因秋季苗木不能全部出售运走，又要腾空土地，将苗木掘起集中假植起来，翌年春季再出售；或是因苗木冬季越冬而假植，这种假植的时间较长，在北方要经过数月（11月下旬至翌年3月中旬）。

② 出圃后假植。一般因为起苗后没有土地栽植，临时假植3～5天；或是已将苗木运到计划栽植的地点，由于栽植地点没有整好，不能立即种植而假植，这种假植通常10～15天；有时因交叉施工的原因，假植时间可能需要一个多月；有的因为反季节移植，为了囤苗，时间就会更长一些，可达数月之久。如果假植的时间很短（1～2天），可采用苫布、草席、草袋、稻草或铲少量的松土盖好；如果假植的时间较长，则在工地附近选背风地方挖深30～

50cm 的沟假植；越冬假植时间长，多采用假值沟假植；为了囤苗采用容器假植效果非常好。

（2）移植 苗木栽植在一个地方生长一段时间后，还要再移走，这次的栽植称为"移植"。移植原因很多，通常苗圃中为了促进苗木生长，将苗木从小苗区移到大苗区，这个过程也是移植，绿化施工时，为了近期的绿化效果，栽植得较密，随着苗木的长大，植株开始拥挤，这时必须进行移植，否则将影响景观效果；有的单位为了应用方便，将苗木移到不影响绿化效果的地方长时间囤苗，也称移植；还有由于其他原因的需要而进行的移植。

（3）定植 按照设计要求树木栽种以后不再移动，永久性地生长在栽种地，则称为"定植"。定植后的树木，一般在较长时间内不再被移植。定植前，应对树木进行核对分类，以避免栽植中的混乱出错，影响设计效果。

二、园林树木栽植原理

要确保栽植树木成活并正常生长，应对树木栽植的原理有所了解，要遵循树体生长发育的规律，选择适宜的栽植树种，掌握适宜的栽植时期，采取适宜的栽植方法，提供相应的栽植条件和管护措施，特别关注树体水分代谢生理活动的平衡，协调树体地上部和地下部的生长发育矛盾，促进根系的再生和树体生理代谢功能的恢复，使树体尽早尽好地表现出根壮树旺、枝繁叶茂、花果丰硕的蓬勃生机，圆满达到园林绿化设计所要求的生态指标和景观效果。

（一）适树适栽

适树适栽是园林树木栽植中的一个重要原则。首先必须了解树种的生态习性以及对栽植地区生态环境的适应能力，要有相关成功的驯化引种试验和成熟的栽培养护技术；其次可充分利用栽植地的局部特殊小气候条件，满足新引入树种的生长发育要求，达到适树适栽的要求。

（二）适时适栽

确定某种树最适移栽时期，原则上要选择有利于根系迅速恢复的时期和选择尽量减少因移栽而对新陈代谢活动产生不良影响的时

期。一般以晚秋和早春为佳。

1. 春季栽植

春栽一般在土壤解冻以后至树木发芽前进行。春栽适合落叶和常绿树木的栽植；在冬季极寒冷地区和当地不耐寒的树种宜采用春栽，特别是春雨连绵的地方，春季栽植最为理想。此时，土温上升适合根系生长，而气温较低，地上部还未开始生长，蒸腾较少。春栽在土壤解冻后愈早愈好，尽量在树木未发芽之前栽种。

2. 夏季栽植

夏季移栽树木，大部分树种要带土球，加大种植穴的直径（通常比土球要大 30～50cm），树冠要重剪，还要配合其他减少蒸腾的措施，如喷水、遮阳、喷抗蒸剂等，才有利于成活。夏季树木移栽成本较高，往往树冠经过重修剪后对树形有影响，所以尽量不在此时移植。

3. 秋季栽植

秋栽一般在落叶后至土地冻结前进行，此时树体本身停止生长活动，需水少；根系有一次生长高峰，伤根容易恢复，易发新根，栽植成活率较高。秋栽的时间比春栽长，有利于劳力的调配和大量栽植工作的完成，翌年春季气温转暖后苗木开始生长，不需要缓苗时间，生长情况也较春植者好。不利的是春旱或风沙大的地方易受严冬冻旱及其他伤害。

4. 冻土栽植

我国东北寒冷地区，在冬季可进行冻土移栽。在土层冻结 5～10cm 时开始挖坑和起苗，这时下层土壤未冻结，挖坑、起苗效率比冻结深时高 2～3 倍，四周挖好后，先不要切断主根，放置一夜，待土球完全冻好后，再把主根切断包扎，起运。冻土移栽比春季移栽成活率低，移栽要避开三九天，能提高成活率。

阔叶常绿树种中除华南产的极不耐寒种类外，一般的树种自春暖至初夏或 10 月中旬至 11 月中旬均可栽植，最好避开大风及寒流侵袭。竹子除炎夏和严冬外，四季均可种植。其他耐寒的亚热带树种如苏铁、樟树、栀子花、夹竹桃等以晚春栽种为宜。同类树种又因生长发育习性、观赏时期及其他要求的不同而各有适宜的移栽时期。

（三）适法适栽

园林树木的栽植方法依据树种的生长特性、树体的生长发育状态、树木栽植时期以及栽植地点的环境条件等，可分别采用裸根栽植和带土球栽植。

1. 裸根栽植

多用于常绿树小苗及大多落叶树种。裸根栽植的关键在于保护好根系的完整性，骨干根不可太长，侧根、须根尽量多带。从掘苗到栽植期间，务必保持根部湿润，防止根系失水干枯。

2. 带土球栽植

常绿树种及某些裸根栽植难于成活的落叶树种，如长山核桃、七叶树、玉兰等，多行带土球移植；大树移植和生长季栽植，亦要求带土球进行，以提高树木移植成活率。

三、园林树木栽植准备工作

（一）植树工程施工原则与主要工序

1. 施工原则

（1）必须符合规划设计要求（按图施工）。

（2）施工技术必须符合树木的生活习性，根据树木习性确定栽植方式。

（3）适时栽植，最好随起、随运、随栽，合理安排种植顺序。

（4）加强经济核算，提高经济效益。

（5）严格执行植树工程的技术规范和操作规程。

2. 植树工程施工的主要工序

（1）了解设计意图与工程概况。

（2）现场踏勘。

（3）制订施工方案。

（4）施工现场的准备。

（5）技术培训。

（二）移植工具与材料的准备

及时准备好必要的栽植工具与材料，如挖掘树穴用的锹、镐，修剪根冠用的剪、锯，浇水用的水管、水车，吊装树木用的车辆、

设备装置，包裹树体以防蒸腾或防寒用的稻草、草绳等；以及栽植用土、树穴底肥、灌溉用水等材料，保证迅速有效地完成树木栽植计划，提高树木栽植成活率。

（三）移植前土壤准备

1. 地形准备

依据设计图纸进行种植现场的地形处理，是提高栽植成活率的重要措施。必须使栽植地与周边道路、设施等的标高合理衔接，排水降渍良好，并清理有碍树木栽植和植后树体生长的建筑垃圾和其他杂物。

2. 土壤准备

当土壤条件不适时，树体生长活力减退、外表逊色，且易受病虫的侵害。如果希望树体健康生长，保持土壤的良好理化特性就显得尤为重要。所以，栽植前对土壤进行测试分析，明确栽植地点的土壤特性是否符合栽植树种的要求、是否需要采用适当的改良措施，是十分必要的。

（四）定点放线

定点放线即确定树木的栽植位置。依据施工图进行定点测量放线，是关系到设计景观效果表达的基础。定点放线的方法很多，不同的栽植方式和栽植标准可用不同的定位方法。

（1）基准线定位法　一般选用道路交叉点、中心线、建筑外墙角、规则型广场和水池等建筑的边线，这些点和线一般都是相对固定的，是一些有特征的点和线。利用简单的直线丈量方法和三角形角度交会法即可将设计的每一行树木栽植点的中心线和每一株树的栽植点测设到绿化地面上。

操作步骤（图1-1，见彩图）：

① 根据建筑物的边线在绿化地上定出图中栽植的第一行位置绿线；

② 再用勾股定理（勾3股4玄5）定出垂直于绿线的蓝线；

③ 在绿线的另一端用勾股定理定出与绿线垂直的黑线；

④ 在蓝线和黑线上定出每行的位置；

⑤ 在每行上按株距定出每株的栽植点，用石灰做标记。

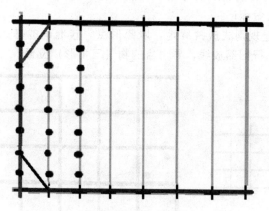

图 1-1　基准线定位法

（2）平板仪定位法　用平板仪定点测设范围较大，即依据基点将单株位置及连片的范围线按设计图依次定出，并钉木桩标明，木桩上写清树种、棵数。图板方位必须与实际相吻合。平板仪定点主要用于面积大、场区没有或少有明确标志物的工地。也可先用平板仪来确定若干控制标志物，定基线、基点，再使用简单的基准线法进行细部放线，以减少工作量。

（3）网格法　网格法适用于范围大、地势较为平坦的且无或少明确标志物的公园绿地。对于在自然地形并按自然式配置树木的情况，树木栽植定点放线常采用网格法。其做法是，按照比例在设计图上和现场分别画出距离相等的方格（20m×20m 最好），定点时先在设计图上量好树木对其方格的纵横坐标距离，再按比例定出现场相应方格的位置，钉木桩或撒灰线标明。如此地上就有了较准确的基线或基点。依此再用简单基准线法进行细部放线，导出目的物位置。

操作步骤（图 1-2）：

① 按照比例在设计图上（左）和现场（右）分别画出距离相等的方格，一般 20m×20m；

② 在左图的方格（设计图）中量出圆形（树种）在本方格中的纵横坐标；

③ 在对应的右图的方格中（现场）画出圆形（树种）的栽植点，用石灰做标记；

④ 如是规则式成片绿地，以圆形点为较准确的基点，用简单基准线法进行细部放线，导出目的物（三角形）位置。

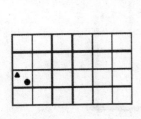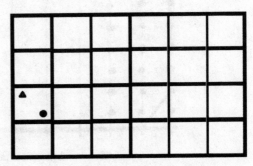

图 1-2　网格法（左为设计图，右为施工现场）

（4）交会法　适用于范围较小、现场内建筑物或其他标记与设计图相符的绿地，以建筑物的两个固定位置为依据，根据设计图上与该两点的距离相交会，定出植树位置。

操作步骤（图 1-3）：

① 在设计图中（左图）量出方形和三角形建筑物到圆形栽植点的距离 A 和 B；

② 在施工现场（右图）从方形建筑物右下角开始，以 A 为半径画圆；

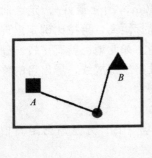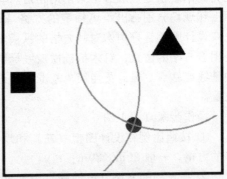

图 1-3　交会法

③ 在施工现场（右图）从三角形建筑物的左下角开始，以 B 为半径画圆，两个圆的交汇点即是栽植点，用石灰做标记。

（5）支距法　是一种常见的简单易行的方法，适用于范围更小、就近具有明显标志物的现场。如树木中心点到道路中心线或路牙线的垂直距离，用皮尺拉直角即可完成。在要求净度不高的施工及较粗放的作业中都可用此法。

行道树和规则式成片绿地的树木定点放线，常用基准线定位法。自然式的树木种植时，在设计图上标出单株位置的，可用网格法、交会法按比例在地面定位；设计图上无固定的单株点的丛植或群植，可用平板仪定位、网络法定位、交会法结合目测定位。一般情况下，具体定植位置可根据设计思想、树体规格和场地现状等综合考虑确定，以树冠长大后株间发育互不干扰、能完美表达设计景观效果为原则。

行道树栽植时要注意树体与邻近建（构）筑物、地下工程管路及人行道边沿等的适宜水平距离（表 1-1）。

表 1-1　树体与建（构）筑物间的最小距离

建（构）筑物	至乔木主干最小水平距离/m	至灌木根基最小水平距离/m
有窗建筑外墙	3.0	0.5
无窗建筑外墙	2.0	0.5
电线杆、柱、塔	2.0	0.5
邮筒、路站牌、灯箱	1.2	1.2
车行道边缘	1.5	0.5
排水明沟边缘	1.0	0.5
人行道边缘	1.0	0.5
地下涵洞	3.0	1.5
地下气管	2.0	1.5
地下水管	1.5	1.5
地下电缆	1.5	1.5

（五）挖穴

乔木类栽植预先挖穴为好，春植秋冬季挖穴，有利于基肥的分解和栽植土的风化，可有效提高栽植成活率。树穴的平面形状没有硬性规定，多以圆形、方形为主（图 1-4），以便于操作为准，也

图 1-4　方形穴和圆形穴

可用挖穴机挖穴（图 1-5）。

图 1-5　挖穴机挖穴

　　树穴的大小和深浅应根据树木规格、土层厚薄、地下水位高低等而定。一般栽植裸根苗，大坑有利于树体根系生长和发育。如种植胸径为 5～6cm 的乔木，土质又比较好，可挖直径约 80cm、深约 60cm 的坑穴；果树高标准栽植，常常挖 1m³ 的穴（长 1m，宽 1m，深 1m）；带土球栽植，穴直径一般比土球大 30～50cm。

　　挖穴要以种植点为中心，要达到规定的深度和直径；挖出的表土、心土分开堆放，栽植时将表土回填根部；发现有严重影响操作的地下障碍物（如电缆、管道等）时，应与设计人员协商，适当改动位置。

（六）回填

最好先将栽植穴于栽植前 3～5 天回填好，灌水沉实，栽植时再根据苗木根系的大小，在栽植穴中挖适当大小的穴栽植。栽植穴回填土壤时最好施足基肥，腐熟的植物枝叶、生活垃圾、人畜粪尿或经过风化的河泥、阴沟泥等均可利用，用量每穴 10kg 左右。基肥施入穴底后，须覆盖深约 20cm 的泥土，以与新植树木根系隔离，不致因肥料发酵而产生烧根现象。栽植裸根大苗或带土球大苗常栽植时再回填土。

（七）移植前苗木准备

栽植树种、苗龄与规格，应根据设计图纸和说明书的要求进行选定，并加以编号。由于苗木的质量好坏直接影响栽植成活和以后的绿化效果，所以植树施工前必须对提供的苗木质量状况进行调查了解。

1. 苗木质量

园林绿化苗木依植前是否经过移植而分为原生苗（实生苗）和移植苗。播后多年未移植过的苗木（或野生苗）吸收根分布在所掘根系范围之外，移栽后难以成活，经过多次适当移植的苗，栽植施工后成活率高、恢复快，绿化效果好。

高质量的园林苗木应具备以下条件。

① 根系发达而完整，主根短直，接近根颈一定范围内要有较多的侧根和须根，起苗后大根系应无劈裂。

② 苗干粗壮通直（藤木除外），有一定的适合高度，不徒长。

③ 主侧枝分布均匀，能构成完美树冠，树冠丰满。其中常绿针叶树，下部枝叶不枯落成裸干状。其中干性强并无潜伏芽的某些针叶树（如某些松类、冷杉等），中央领导枝要有较强优势，侧芽发育饱满，顶芽占有优势。

④ 无病虫害和机械损伤。

园林绿化用苗，多以应用经多次移植的大规格苗木为宜。由于经几次移苗断根，再生后所形成的根系较紧凑丰满，移栽容易成活。一般不宜用未经移植的实生苗和野生苗，因其吸收根系远离根颈，较粗的长根多，掘苗损伤了较多的吸收根，因此难以成活，

需经 1~2 次 "断根缩坨" 处理或移至圃地培养才能应用。生长健壮的苗木，有利栽植成活和具有适应新环境的能力；供氮肥和水过多的苗木，地上部徒长，茎根比值大，也不利移栽成活和日后对环境的适应。

2. 苗（树）龄与规格

树木的年龄影响移植成活率的高低，并与成活后在新栽植地的适应性和抗逆性有关。

幼龄苗树体较小，根系分布范围小，起掘时根系损伤率低，且植株生长旺盛，对栽植地的环境适应能力强，因此，栽植后恢复期短，成活率高。幼龄苗移植过程（起掘、运输和栽植）也较简便，并可节约施工费用。但幼龄苗植株规格较小，成活后易遭受人为活动的损伤，绿化效果发挥亦较差。

壮老龄树木，根系分布深广，吸收根远离树干，起掘伤根率高，故移栽成活率低。为提高移栽成活率，对起、运、栽及养护技术要求较高，必须带土球移植，施工养护费用高。但壮、老龄树木，树体高大，姿形优美，移植成活后能很快发挥绿化效果，对重点工程在有特殊需要时，可以适当选用。但必须采取大树移植的特殊措施。

幼、青年苗木，尤其在苗圃经多次移植的大苗，移栽较易成活，绿化效果发挥也较快，是城市绿化首选苗木。园林植树工程选用的苗木规格，落叶乔木最小选用胸径 3cm 以上，行道树和人流活动频繁之处还宜更大些；常绿乔木，最小应选树高 1.5m 以上的苗木。

四、园林树木的栽植技术

（一）树木的起挖

树木的起挖是栽植过程的重要环节，其操作的好坏直接影响栽植成活率。起挖过程应尽可能保护根系，尤其是须根，影响树木栽植后吸收功能。

1. 起挖前准备

（1）包装材料和工具的准备　苗木起挖前首先应将包装材料和锹（要锋利）备好，草绳用水浸湿。

（2）选苗　选符合规划设计要求的苗（树）木，选中的苗木涂颜色标记，用油漆涂南面。为栽植时保持原方向，一般在树干较高处的北面用油漆标出"N"字。

（3）拢冠　将分枝点低、侧枝分叉角度大及枝条长而柔软或丛径较大的灌木，用草绳将枝条向树干绑缚，再用草绳打几道横箍，分层捆住树冠枝叶，然后用草绳自下而上将各横箍连接起来，使树冠适度围拢，减少操作与运输中的枝叶损伤（图1-6）。

图1-6　拢冠（一）

2. 起挖时间

起挖时间主要由苗木的生长特性决定，适宜的起挖时间是在苗木休眠期。不适宜的时间起挖会降低苗木成活率。落叶树种的起挖，多在秋季落叶或春季萌芽前进行。常绿树种的起挖，北方大多在春季春梢萌发前进行，秋季在新梢充分成熟后进行。

3. 起挖方法

根据苗木根系裸露情况，苗木的起挖可分为裸根起挖和带土球起挖。

（1）裸根起挖　是应用最广泛的一种起挖方法。大部分落叶树种和容易成活的针叶树小苗一般采用裸根起挖。根系的完整和受损程度是决定裸根起挖质量的关键。一般情况下，经移植养根的树木挖掘过程中所能携带的有效根系，水平分布幅度通常为主干直径的6～8倍；垂直分布深度，为主干直径的4～6倍，一般多在60～

80cm，浅根系树种多在 30～40cm。绿篱扦插苗木的挖掘，有效根系的携带量，通常为水平幅度 20～30cm，垂直深度 15～20cm。

起挖前如天气干燥，应提前 2～3 天对起苗地灌水，使土质变软、便于操作、多带根系；根系充分吸水后，也便于贮运，利于成活。而野生和直播实生树的有效根系分布范围，距主干较远，故在计划挖掘前，应提前 1～2 年进行断根缩坨处理，以提高移栽成活率。

挖掘沟应离主干稍远一些，不得小于树干胸径（主干 1.5m 高处的直径）的 6～8 倍，挖掘深度应较根系主要分布区稍深一些，以尽可能多地保留根系，特别是具吸收功能的根系（图 1-7）。对规格较大的树木，当挖掘到较粗的骨干根时，应用手锯锯断或应用苗木断根机（图 1-8），并保持切口平整，坚决禁止用铁锨去硬铲，防止主根劈裂。

图 1-7 裸根苗根系

图 1-8 苗木断根机

（2）带土球起挖 一般常绿树、名贵大树和较大的花灌木常采取带土球起挖。土球的大小以能包括要移植树木 50% 以上的根系为宜，过大容易散落，太小则伤根过多，一般的土球直径为树干胸径的 8～10 倍，土球高度约为土球直径的 2/3；灌木的土球直径是其冠幅的 1/3～1/2。起挖前如天气干燥，可提前 2～3 天灌水，增加土壤黏结力，便于操作。带土球起苗具体步骤如下。

① 画线：以树干为中心，按规定的土球直径一半长度画圆，保证起出土球符合标准。

② 起宝盖：去掉树根部比土球略大的表土，深度达水平根系

露出为止。

③ 挖坨：沿地面上所画圆的外缘 3~5cm 处，向下垂直挖沟，沟宽以便于操作为度，一般 50~80cm，边挖边修土球表面，挖至土球达规定的深度（图 1-9）。

图 1-9　挖坨　　　　　　　图 1-10　修平

④ 修平：挖掘到规定深度后，球底暂不挖通，用锹将土球表面轻轻铲平，上口大，下部渐小，呈锅底或苹果状（图 1-10）。

⑤ 掏底：土球四周修整好后，再慢慢由底圈向内掏挖。直径小于 50cm 的土球，可以直接将底土掏空，放倒后再包装。直径大于 50cm 的土球则应将底土中心保留一部分，起支柱作用，便于包装。较大的土球一般在穴内打包。

⑥ 打包：固定土球，防止土球松散。

⑦ 封底出坑：竖绳打好后，将树推倒，用草袋子包严土球底部，最后抬出坑。

⑧ 平坑：将土填回坑内。

4. 土球包扎方法

土球直径在 30~50cm 以上的，当土球周围挖好后，应立即用蒲包、草绳等进行打包，打包的形式和草绳围捆的密度视土球大小和运输距离而定。短距离运输就可以简单一些，土球直径在 30~40cm 以下者，可用草绳简易包扎，或用蒲包、稻草、塑料薄膜等包扎即可（图 1-11）。

土球大、运输距离远的，包扎要密一些，大土球可在穴内包扎（图 1-12），具体操作如下。

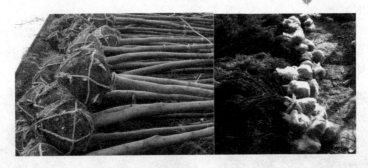

图 1-11　苗木简易包扎方法

（1）打腰绳　先用湿草绳打内腰绳 8～10 道，草绳边缠绕边拉紧，使之部分嵌入土中。球较大时，打完竖绳可再打 5～10 道外腰绳（图 1-13）。

图 1-12　穴内土球包扎　　　　　图 1-13　先打 8～10 道内腰绳

（2）开底沟　打腰绳后可在土球底部向内挖宽 5～6cm 的底沟，避免草绳脱落。

（3）打竖绳　竖绳应采用包扎牢固而较复杂的形式，如"井字包""五星包""橘子包"等（图 1-14～图 1-16）。如图 1-14 草绳包扎路径：1→2→3→4→5…实线走前面，虚线走后面。从土球的中间通过顺时针上下缠绕，草绳间隔一般 8～10cm，根据运输距离决定打包方法，如单股单轴、单股双轴、双股双轴、交叉压花。

目前市场上有许多土球专用铁丝网（图 1-17），其优势为土球不松散，成活率高，节约人工，使用方便，减少成本，保证质量。

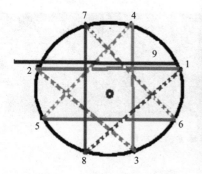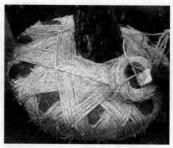

图 1-14　井字包

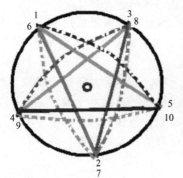

图 1-15　五星包

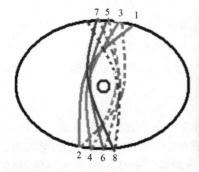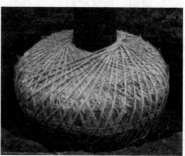

图 1-16　橘子包

图 1-17　土球专用铁丝网

5. 起挖注意事项

（1）控制好起挖深度及范围。为保证起苗质量，必须特别注意苗根的质量和数量，保证苗木有足够的根系。

（2）避免在大风天起苗，否则失水过多，降低成活率。

（3）若育苗地干旱，应在起苗前 2～3 天灌水，使土壤湿润，以减少起苗时损伤根系，保证质量。

（4）为提高园林绿化植树的成活率，应随起、随运、随栽，当天不能栽植的要进行假植或覆盖，以防土球或根系干燥。

（5）对针叶树在起挖过程中应特别注意保护顶芽和根系。

（6）起挖工具是否锋利也是保证起苗质量的重要一环。

（二）装运

为了防止苗木根系在运输期间大量失水，同时也避免碰伤树体，所以苗木运输时要包装，包装整齐的苗木也便于搬运和装卸。

1. 常用的包装材料

常用的包装材料有塑料布、编织袋、草片、草包、蒲包、种植袋等，在具体使用过程中根据植物来选择合适的包装材料。用种植袋移栽大苗，可省去苗木包装过程，直接装车运输（图 1-18、图 1-19）。

2. 裸根苗包装方法

短距离运输时，苗木可散装在筐篓内，首先在筐底放一层湿润物，再将苗木根对根分层放在湿润物上，并在根间稍放些湿润物，苗木装满后，最后再放一层湿润物即可。也可在车上放一层湿润物，上面苗木分层放置。

长距离运输时，为防止苗木过度失水和便于搬运，苗木要打捆

图 1-18 种植袋内苗木

图 1-19 种植袋内苗木运输

包装，一般每捆不超过 25kg。最后在外面要附标签，其上注明树种、苗龄、数量、等级和苗圃名称等。包装的方法有卷包和装箱。

(1) 卷包 规格较小的裸根树木远距离运输时使用此种方法。将枝梢向外、根部向内，并互相错行重叠摆放，以蒲包片或草席等为包装材料，再用湿润的苔藓或锯末填充树木根部空隙。将树木卷起捆好后，再用冷水浸渍卷包，然后起运。也可苗木蘸泥浆后用塑料薄膜卷包 (图 1-20)。

图 1-20 裸根苗的卷包

注意卷包内的树木数量不可过多，叠压不能过实，以免途中卷包内生热。打包时必须捆扎得法，以免在运输中途散包造成树木损失。

(2) 装箱 若运输距离较远、运输条件较差，或规格较小、树

体需特殊保护的珍贵树木，使用此法较为适宜。在定制好的木箱内，先铺好一层湿润苔藓或湿锯末，再把待运送的树木分层放好，在每一层树木根部中间，需放湿润苔藓（或湿锯末等）以作保护。为了提高包装箱内保存湿度的能力，可在箱底铺以塑料薄膜（图1-21）。使用此法时需注意：不可为了多装树木而过分压紧挤实；苔藓不可过湿，以免腐烂发热。目前在远距离、大规格裸根苗的运送中，已采用集装箱运输，简便而安全。

图 1-21　裸根苗装箱

3. 苗木的运输

树苗装运超高、超长、超宽应事先办好必要的手续。运苗要迅速及时，苗木要固定，开车要平稳，避免震动。短途运苗中不应停车休息，要直达施工现场；长途运苗应经常检查包内湿度和温度，如包内温度高，要将包打开，适当通风，并要更换湿润物以免发热，若发现湿度不够，要适当喷水。中途停车应停于有遮阴的场所，要检查苗木、固定绳、苫布等。有条件的还可用特制的冷藏车来运输。到达目的地后，应及时卸车，不能及时栽植的则要及时假植。

（1）裸根苗的装车方法及要求　装车不宜过高过重，压得不宜太紧，以免压伤树枝和树根；树梢不准拖地，必要时用绳子固定，绳子与树身接触部分，要用蒲包垫好，以防损伤干皮。卡车后厢板上应铺垫草袋、蒲包等物，以免擦伤树皮，碰坏树根，装裸根乔木应树根朝前，树梢向后，顺序排码。长途运苗最好用苫布将树根盖严捆好，这样可以减少树根失水（图1-22）。

图 1-22 裸根苗装车

（2）带土球苗装车方法与要求 树高2m以下的苗木，可以直立装车，2m以上的树苗，则应斜放，或完全放倒土球朝前，树梢向后，并立支架将树冠支稳，以免行车时树冠摇晃，造成散坨。土球规格较大、直径超过60cm的苗木只能码1层，小土球则可码放2～3层（图1-23），土球之间要码紧，还须用木块、砖头支垫，以防止土球晃动。土球上不准站人或压放重物，以防压伤土球。

图 1-23 带土球苗装车运输

（三）假植

假植的目的是将不能马上栽植的苗木暂时埋植起来，防止根系失水或干燥，保证苗木质量。假植时，选排水良好、背风背阴地挖一条假植沟，一般深、宽各为 30～40cm，迎风面的沟壁作成 45°的倾斜，将苗木在斜壁上成束排列，把苗木的根系和茎的下部用湿土覆盖、踩紧，使根系和土壤紧密连接（图 1-24）。假植后应适当灌水，但切勿过足。早春气温回升，沟内温度也随之升高，苗木不能及时运走栽植，应采取遮阴降温措施。

图 1-24　苗木假植

（四）定值

1. 苗木分级浸根

定植前要检查树穴的挖掘质量，并根据树体的实际情况，给以必要的修整。应对树木进行质量分级，要求根系完整、树体健壮、芽体饱满、皮色光泽、无病虫检疫对象，对畸形、弱小、伤口过多等质量很差的树木，应及时剔除，另行处理。

远地购入的裸根树木，若因途中失水较多，应解包浸根一昼夜，等根系充分吸水后再行栽植。裸根定植前蘸泥浆可提高移栽成活率 20% 以上。浆水配比为：过磷酸钙 1kg＋细黄土 7.5kg＋水 40kg，搅成浆糊状。

2. 苗木定植前的修剪

在定植前，对树木树冠必须进行不同程度的修剪，以减少树体水分的蒸发，维持树势平衡，以利树木成活。修剪量依不同树种及景观要求有所不同。

（1）较大的落叶乔木，尤其是长势较强、易抽新枝的树种，如杨、柳、槐等，可进行强修剪，树冠可减少至 1/2 以上。具有明显主干的高大落叶乔木，应保持原有树形，适当疏枝，对主侧枝应在健壮芽上短截，可剪去枝条的 1/5～1/3。无明显主干、枝条茂密的落叶乔木，干径 10cm 以上者，可疏枝保持原树形；干径为 5～10cm 的，可选留主干上的几个侧枝，保持适宜树形进行短截（图 1-25）。

图 1-25　落叶乔木栽植前强修剪

（2）枝条茂密具有圆头形树冠的常绿乔木可适量疏枝，枝叶集生树干顶部的树木可不修剪。具轮生侧枝的常绿乔木，用作行道树时，可剪除基部 2～3 层轮生侧枝。常绿针叶树不宜多修剪，只剪除病虫枝、枯死枝、生长衰弱枝、过密的轮生枝和下垂枝（图 1-26、图 1-27）。

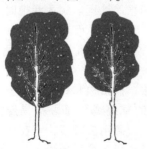

图 1-26　常绿行道树修剪

图 1-27　针叶树修剪

（3）用作行道树的乔木，枝下高宜大于 2.5m，第一分枝点以下枝条应全部剪除，分枝点以上枝条酌情疏剪或短截，并应保持树冠原形（图1-28）。珍贵树种的树冠，宜尽量保留，以少剪为宜。

图 1-28　行道树（悬铃木）的修剪　　　图 1-29　绿篱的栽植后修剪

（4）花灌木及藤蔓树种的修剪，应符合下列规定：带土球或湿润地区带宿土的裸根树木及上年花芽分化已完成的开花灌木，可不作修剪，仅对枯枝、病虫枝予以剪除。分枝明显、新枝着生花芽的小灌木，应顺其树势适当强剪，促生新枝，更新老枝。枝条茂密的大灌木，可适量疏枝。

（5）用作绿篱的灌木，可在种植后按设计要求整形修剪（图1-29）。

（6）落叶乔木如必须在非种植季节种植时，应根据不同情况提前采取疏枝、断根缩坨或用容器进行假植育根等处理。树木栽植时应进行强修剪，保留原树冠的1/3，修剪时剪口应平而光滑，并及时涂抹防腐剂。必须加大土球体积，可摘叶的应摘除部分叶片，但不得伤害幼芽（图1-30）。

（7）裸根树木定植之前，还应对断裂根、病虫根和拳曲的过长根进行适当修剪（图1-31）。土球包装用的草绳或稻草之类易腐烂，如果用量较少，入穴后不一定要解除；如果用量较多，可在树木定位后剪除一部分，以免其腐烂发热，影响树木根系生长。

3. 配苗与散苗

配苗是指将购置的苗木按大小规格进一步分级，使株与株之间在

图 1-30　落叶乔木非种植季节栽植的修剪

图 1-31　裸根苗栽植
前根系修剪

图 1-32　散苗

栽植后趋近一致,达到栽植有序及景观效果佳,称为配苗。如行道树一类的树高、胸径有一定差异,都会在观赏上产生高低不平、粗细不均的效果。乔木配苗时,一般高差不超过 50cm,粗细不超过 1cm。

　　将苗木按设计图纸或定点木桩,散放在定植穴旁称为"散苗"(图 1-32)。必须做到位置准确,轻拿轻放,对号入座,分级排列。

应对树木进行核对分类，以避免栽植中混乱出错，影响设计效果。

4. 定植深度和方向

树穴深浅的标准，以定植后树体根颈部略高于地表面为宜，一般小苗与原土痕平齐，切忌因栽植太深而导致根颈部埋入土中，影响树体栽植成活和其后的正常生长发育（图1-33）。

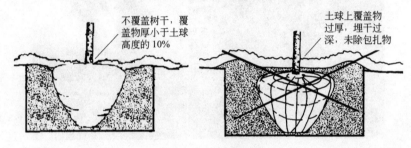

不覆盖树干，覆盖物厚小于土球高度的10%

土球上覆盖物过厚，埋干过深，未除包扎物

图 1-33　定植深度

树木定植时，应注意将树冠丰满完好的一面，朝向主要的观赏方向，如入口处或主行道。若树冠高低不均，应将低冠面朝向主面，高冠面置于后向，使之有层次感。在行道树等规则式种植时，如树木高矮参差不齐、冠径大小不一，应预先排列种植顺序，形成一定的韵律或节奏，以提高观赏效果。如树木主干弯曲，应将弯曲面与行列方向一致，以作掩饰。

5. 定植技术

（1）裸根苗定植

① 定植时将混好肥料的表土，取其一半填入坑中，培成丘状。

② 裸根树木放入坑内时，务必使根系均匀分布在坑底的土丘上，校正位置后注意苗木的深浅和水平位置（图1-34）。

③ 将另一半掺肥表土分层填入坑内，每填20～30cm土踏实一次，并同时将树体稍稍上下提动，使根系与土壤密切接触。

④ 最后填入心土，再围堰、灌水。

（2）带土球苗栽植

① 先量好土球高度与坑是否一致，若有差距应挖土或填土，保证土球入坑后与地面相平。

② 土球入坑后放稳，进行松绑，解除包装。

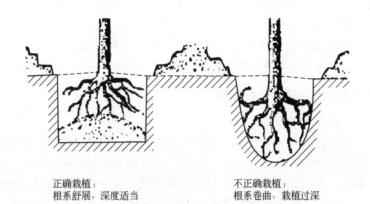

正确栽植：
根系舒展，深度适当

不正确栽植：
根系卷曲，栽植过深

图 1-34　裸根树苗栽植

③ 及时分层回填土夯实，尽量用表土回填到土球周围，夯实过程中注意不要损伤土球。

④ 最后用心土覆盖、围堰、浇水。

（3）其他　绿篱成块状模纹群植时，应由中心向外顺序退植。坡式种植时应由上向下种植。大型块植或不同彩色丛植时，宜分区分块种植。

6. 定植注意事项

① 核对图纸树种规格，准确无误再栽植。

② 观赏面和弯曲方向朝主风向，注意树的朝向，做到适当调整，不宜过大。

③ 注意栽植深度，小苗与原土痕平齐，"不得过深过浅"。

④ 列植排列要整齐，三点对一直线，也可拉线绳确定栽植位

图 1-35　定植时要排列整齐

置（图 1-35）。

⑤ 定植后与图纸核对准确无误，解开拢冠草绳。

⑥ 大树带土球栽植后要采取树干包裹、设支架、搭建荫棚等措施。

五、栽植成活期的养护管理

1. 固定支撑

栽植胸径 5cm 以上树木时，特别是在栽植季节有大风的地区，植后应立支架固定，以防冠动根摇，影响根系恢复生长。要注意支架不能打在土球或骨干根系上，支架与树干间应衬垫软物。支架设立方法很多，三角桩或井字桩的固定作用最好，且有良好的装饰效果，在人流量较大的市区绿地中多用（图 1-36、图 1-37）。

图 1-36　支架设立方法

图 1-37　新型园林绿化一体式树木保护支架

2. 树干包裹

常绿乔木和干径较大的落叶乔木，定植后需进行裹干，即用草绳、蒲包、苔藓等具有一定保湿性和保温性的材料，严密包裹主干和比较粗壮的一、二级分枝（图1-38）。裹干可避免强光直射和风吹，减少干、枝的水分蒸腾；可调节枝干温度，减少夏季高温和冬季低温对枝干的伤害。树干皮孔较大而蒸腾量显著的树种如樱花、鸡爪槭等，以及香樟、广玉兰等大多数常绿阔叶树种，定植后枝干包裹强度要大些，以提高栽植成活率。

图1-38　裹干

草绳裹干效率低，不美观，易滋生病虫害；塑料薄膜裹干不透气，影响植物正常呼吸。南京宿根植物园开发的新型裹干材料植物绷带（图1-39），经由中科院植物所、南京大学、复旦大学、南京林业大学等科研单位多名专家论证，相比于传统裹干材料，植物绷带具有下列优势。

①省时、省工、价格低廉：相比于草绳，缠裹速度提高5倍，草绳裹树时需要两人相互配合，而植物绷带只需一人轻松操作；缠裹同一棵树，使用植物绷带的直接费用约为草绳的80%。

②保温保湿、成活率高：本产品特制结构厚度适中，保水而透气，可为树木提供更好的康复条件。产品中加入特制植物生命素，可使植物成活率提高10%～15%。

③外形美观、防菌防虫：相比传统材料，整体景观效果更加协调；植物绷带中加入杀虫杀菌剂，减少害虫细菌侵害（图1-40）。

3. 树盘覆盖

浇完第三次水后，即可撤除浇水围堰，并将土壤堆积到树下成

图 1-39　植物绷带

图 1-40　新型裹干材料

小丘状，以免根际集水；并经常疏松树盘土壤，改善土壤的通透性。栽植后使用吸湿性和保湿性强的物质如松类的树皮、锯木屑等覆盖栽植穴及其周边，覆盖厚度以 5～8cm 为宜。也可在根际周围种植地被植物，如马蹄金、白三叶、酢浆草等；或铺上一层白石子，既美观，又可减少土面蒸发（图 1-41）。

4. 遮阴

大规格树木移植初期或高温干燥季节栽植，要搭建荫棚遮阴，以降低树冠温度，减少树体的水分蒸腾。在体量较大的乔、灌木树种，要求全冠遮阴，荫棚上方及四周与树冠保持 30～50cm 的间距，以保证棚内有一定的空气流动空间，防止树冠日灼危害（图

图 1-41 树盘处理

1-42)。遮阴度为70％左右，让树体接受一定的散射光，以保证树体光合作用的进行。成片栽植的低矮灌木，可打地桩拉网遮阴，网高距树木顶部20cm左右。树木成活后，视生长情况和季节变化，逐步去除遮阴物。

图 1-42 树冠遮阴

5. 土壤管理

降雨或浇水后如出现土壤沉陷致使树木倾斜时，应及时扶正、培土，防止积水烂根。树盘土壤堆积过高，要铲土耙平，防止根系过深，影响根系发育。由于种种原因树体晃动时，应踩实，对于倾斜的树木应及时扶正、设立支架。

6. 水分管理

（1）土壤灌水　　灌水是提高树木栽植成活率的主要措施，特别在春旱少雨、蒸腾量大的北方地区尤需注重。

① 开堰、做畦：树木定植后应在略大于种植穴直径的周围，筑成高 10～15cm 的灌水土堰，堰应筑实不得漏水。株距很近、连片的树木要联合起来集体围堰称"做畦"，要保证畦内地势水平，畦壁牢固不跑水（图 1-43、图 1-44）。

图 1-43　围堰灌水　　　　　　　　　图 1-44　做畦灌水

② 灌水和排水：新植树木应在当日浇透第一遍水，以后应根据土壤墒情及时补水。黏性土壤，宜适量浇水，根系不发达树种，浇水量宜较多；肉质根系树种，浇水量宜少。秋季种植的树木，浇足水后可封穴越冬。干旱地区或遇干旱天气时，应增加浇水次数，北方地区种植后浇水不少于 3 遍。一般树木栽植后第一年应灌水5～6 次，浇水时应防止因水流过急而冲出裸露根系或冲毁围堰。

对排水不良的种植穴，可在穴底铺 10～15cm 砂砾或铺设渗水管、盲沟，以利排水。多雨季节要防止土堰积水，应适当培土，使树盘土面适当高于周围地面。

（2）树冠喷水　　新植树木根系吸水功能尚未恢复，而地上部枝叶水分蒸腾量较大，在适量补给根系水分的同时，还应叶面喷水。

5～6月份气温升高，树体水分蒸腾加剧，必须充分满足其对水分的需要。7～8月份天气炎热干燥，必须及时对树冠喷水保湿，喷水要求细而均匀，喷及树冠各部位和周围空间，为树体提供湿润的小气候环境。去冠移植的树体，在抽枝发叶后，亦需喷水保湿。用草绳裹干的树木，亦应注意向裹干的草绳喷水保湿。可采用高压水枪喷雾，喷雾要细、次数可多、水量要小，以免滞留土壤，造成根际积水（图1-45）。或将供水管安装在树冠上方，根据树冠大小安装一个或若干个细孔喷头进行喷雾，效果较好，但需一定成本。

图1-45　树冠喷水

7. 施肥

施肥可促进新植树木地下部根系和地上部枝叶的恢复生长，有计划地合理追施一些有机肥料，更是改良土壤结构、提高土壤有机质含量、增进土壤肥力最有效的措施。

树木移植初期，根系处于恢复生长阶段，吸肥能力低，宜采用根外追肥；也可采用叶面营养补给的方法，如喷施易吸收的有机液肥或尿素等速效无机肥，促进枝叶生长，有利光合作用进行。一般半个月左右一次，可用尿素、硫酸铵、磷酸二氢钾等速效性肥料配制成浓度为 0.5%～1% 的肥液，选早晚或阴天进行叶面喷洒，遇降雨应重喷一次。

新植树的基肥补给，应在树体确定成活后进行，用量一次不可太多，以免烧伤新根，事与愿违。施用的有机肥料必须充分腐熟，

并用水稀释后施用。

8. 除萌修剪

(1) 护芽除萌　新植树木在恢复生长过程中，特别是在强修剪后，树体干、枝上会萌发出许多幼嫩新枝。树体地上部分的萌发，能促进根系的发育。因此，对新植树特别是对移植时进行过重度修剪的树体所萌发的芽要加以保护，让其抽枝发叶，待树体恢复生长后再行修剪整形。同时，在树体萌芽后，要特别加强喷水、遮阴、防病治虫等养护工作，保证嫩芽与嫩梢的正常生长。但多量的萌发枝不但消耗大量养分，而且会干扰树形；枝条密生，往往造成树冠郁闭、内部通风透光不良。为使树体生长健壮并符合景观设计要求，应随时疏除多余的萌蘖，着重培养骨干枝架。

(2) 合理修剪　树木起挖、运输、栽植过程常会受到损伤，以致部分枝芽不能正常萌发生长，对枯死部分也应及时剪除，以减少病虫滋生场所。树体在生长期形成的过密枝或徒长枝也应及时去除，以免竞争养分，影响树冠发育。合理修剪以使主侧枝分布均匀，骨架坚固，均衡树形，外形美观；合理修剪可改善树体通风透光条件，使树体生长健壮，减少病虫危害。

(3) 伤口处理　养护管理中注意伤口保护，为避免伤口染病和腐烂，需用锋利的剪刀将伤口周围的皮层和木质部削平，再用 $1\%\sim2\%$ 硫酸铜或 40% 的福美砷可湿性粉剂进行消毒，然后涂抹保护剂。

9. 松土除草

根部土壤经常保持疏松，有利于土壤空气流通，可促进树木根系的生长发育。树木栽植后成活期要注意松土，不可太深，以免伤及新根。

树盘附近的杂草，特别是蔓藤植物，严重影响树木生长，更要及时铲除。可结合松土进行除草，一般 $20\sim30$ 天一次。除草深度以掌握在 $3\sim5cm$ 为宜，可将除下的枯草覆盖在树干周围的土面上，以降低土壤辐射热，有较好的保墒作用。

10. 病虫害防治

在养护管理中应重视病虫害的防治，必须根据其发生、发展规律和危害程度，及时、有效地进行防治，特别是对危害严重的单株，应高度重视，采取果断措施，避免蔓延。对于修剪下的病虫枝，应集中处理，避免再度污染。

11. 调整补缺

园林树木栽植后，因树木质量、栽植技术、养护措施及各种外界条件的影响，难免发生死树缺株的现象，对此应适时进行补植。补植的树木在规格和形态上应与已成活株相协调，以免干扰设计景观效果。对已经死亡的植株，应认真调查，如土壤质地、树木习性、种植深浅、地下水位高低、病虫为害、人为损伤等，分析原因，采取改进措施，再行补植。

12. 越冬防护

新植大树的枝梢、根系萌发迟，年生长周期短，养分积累少，组织发育不充实，易受低温危害，应做好防冻保温工作。首先，入秋后要控制氨肥、增施磷钾肥，并逐步撤除荫棚，延长光照时间，提高光照强度，以提高枝干的木质化程度，增强自身抗寒能力。第二，在入冬寒潮来临之前，做好树体保温工作，可采取覆土、裹干、设立风障等方法加以保护（图1-46、图1-47）。

图 1-46 设立风障　　　　图 1-47 树盘覆盖

第二节 苗 木 移 植

一、苗木移植的意义

幼苗在苗床育苗密度较大，必须通过移植改善苗木的通风和光

照条件，增加营养面积，减少病虫害的发生，培育出符合要求的苗木。在苗圃中将苗木更换育苗地继续培养叫移植，凡经过移植的苗木统称为移植苗。目前城市绿化以及企事业单位、旅游地区、绿化带、公路、铁路、学校、社区等的绿化美化中几乎采用的都是大规格苗木（图 1-48）。大苗的培育需要至少 2 年以上的时间，在这个过程中，所育小苗需要经过多次移栽、精细的栽培管理、整形修剪等措施，才能培育出符合规格和市场需要的各个类型的大苗（图 1-49）。

图 1-48　大苗绿化效果

图 1-49　大苗苗圃

二、移植的时间、次数和密度

（一）移植时间

苗木移植时间应视苗木类型、生长习性及气候条件而定。

1. 春季移植

大多数树种一般在早春移植，春季也是主要的移植季节。因为这个时期树液刚刚开始流动，枝芽尚未萌发，苗木蒸腾作用很弱，移植后成活率高。春季移植的具体时间应根据树种的生物学特性及实际情况确定，萌动早的树种宜早移，发芽晚的可晚些。

2. 夏季移植

常绿树种，主要是针叶树种，可以在夏季进行移植，但应在雨季开始时进行。移植最好在无风的阴天或降雨前进行。

3. 秋季移植

应在冬季气温不太低、无冻霜和春旱危害的地区应用。秋季移植在苗木地上部分停止生长后即可进行。此时地温高于气温，根系伤口愈伤快，成活率高，有的当年能产生新根，第 2 年缓苗期短，生长快。

（二）移植次数

苗木移植次数取决于该树种的生长速度和对苗木规格的要求。园林应用的阔叶树种，在播种或扦插 1 年后进行第一次移植，以后根据生长快慢和株行距大小，每隔 2～3 年移植一次，并相应地扩大株行距，目前各生产单位对普通的行道树、庭阴树和花灌木用苗只移植 2 次，在大苗区内生长 2～3 年，苗龄达到 3～4 年即行出圃。而对重点工程或易受人为破坏地段或要求马上体现绿化效果的地方所用的苗木则常需培育 5～8 年，甚至更长，因此必须移植 2 次以上。对生长缓慢、根系不发达，而且移植后较难成活的树种，如银杏，可在播种后第三年开始移植。以后每隔 3～5 年移植一次，苗龄 8～10 年，甚至更大一些方可出圃。

（三）移植的密度

大苗移植密度应根据树种生长的快慢、苗冠大小、育苗年限、苗木出圃的规格以及苗期管理使用的机具等因素综合考虑。如果株行距过大，则既浪费土地，产苗量又低；如果株行距过小，则不仅不利于苗木生长，还不便于机械化作业。一般情况下，针叶树小苗的移植行距应在 20cm 左右，速生阔叶树苗的行距应在 50～100cm。株距要根据计划产苗数和单位面积的苗行长度加以计算确

定。如油松一年生苗移植密度 125 株/m²，云杉 2 年生苗移植密度 200 株/m²。

三、移植的方法

1. 穴植法

按苗木大小设计好株行距，根据株行距定点，然后挖穴。穴土放在沟的一侧，栽植深度可略深于原来深度的 2～5cm。覆土时混入适量的底肥，先在坑底部填部分肥土，然后放入苗木，再填部分肥土，轻轻提一下苗木，使其根系舒展，再填满土，踏实、浇足水。

穴植有利于根系舒展，不会产生根系窝曲现象，生长恢复较快，成活率高，但费工、效率低，适用于大苗或移植较难成活的苗木。

2. 沟植法

先按行距开沟，土放在沟的两侧，以利于回填土和苗木定点，将苗木按一定株距放在沟内，然后扶正苗木、填土踏实。沟的深度应大于苗根长度，以免根系窝曲。沟植法工作效率较高，适用于一般苗木，特别是小苗。

3. 容器苗移植

营养钵、种植袋等容器苗全年可移植，可保持根系完整，成活率高，可达到苗木预期生长优势。容器苗已是目前最先进之趋势，它集移植、包装、运输为一体，对生产者将会有莫大益处（图 1-50～图 1-52）。

4. 移栽注意事项

（1）保护根部　一般落叶阔叶树，在休眠期常用裸根移植，而对成活率不太高的树种则带宿土移植。常绿树及规格较大而成活率又较低的树种，必须带符合规格的土球，若就近栽植，在保证土球不散开的情况下，土球不必包扎。

（2）移植前灌溉　如园地干燥，宜在移植前 2～3 天进行灌溉，以利掘苗。

（3）适当修剪　移植时，对过长根和枯萎根等进行修剪，要保护好根系，不使其受损、受干、受冷；对枝叶也需适当修剪。

图 1-50　花叶女贞　　　　图 1-51　红叶石楠　　　图 1-52　小叶榕
　　容器苗　　　　　　　　　容器苗　　　　　　　　容器苗

（4）合理栽植　栽植时苗木要扶正，埋土要较原来深度略深些。

（5）及时灌水　栽植后要及时灌水，但不宜过量。3～5 天后进行第二次灌水；5～7 天后进行第三次灌水。苗木经灌溉后极易倒伏，应立即扶正倒伏的苗木，并将土踏实（图 1-53）。

图 1-53　桂花带土球栽植

第三节　大树移植

一、大树移植的特点与原则

大树移植可短期内体现绿地的景观效果，发挥绿地的生态效益，在飞速发展的城市绿化建设中应用越来越多。大树移植又分为对现有树木保护性的移植，对密度过高的绿地进行结构抽稀调整中发生的作业行为；其次是新建绿地中进行的大树栽植，是在特定时间、特定地点，为满足特定要求所采用的种植方法。

大树的界定，一般指树体胸径在 15～20cm 以上，或树高在 4～6m 以上，或树龄在 20 年左右的树木。1954 年，北京展览馆因建设需要移植胸径 20cm 以上的元宝枫、白皮松、刺槐等成功。同年，上海也成功移植胸径 20cm 以上的雪松、油松、白皮松 100 余株，成活率几达 100％。近年来，随着绿地建设水平和树木栽培技术的提高，大树移植的应用范围和成功率也有长足的进步。

（一）大树移植的意义

1. 绿地树木种植密度的调整需要

在城市绿化建设中，为使绿地建设在较短的时间内达到设计的景观效果，一般来说初始种植的密度相对较大，一段时间后随着树体的增粗、长高，原有的空间不能满足树冠的继续发育，需要进行调整，这在对绿地进行改造时，表现尤为突出。调整力度的大小，主要取决于绿地建设时的种植设计、树种选用和配植的合理程度等。

2. 建设期间的原有树木保护

城市建设过程中，妨碍施工进行的树木，如果被全部伐除、毁灭，将是对生态资源的极大损害。特别是对那些有一定生长体量的大树，应作出保护性规划，尽可能保留；或采取大树移植的办法，妥善处置，使其得到再利用。

3. 城市景观建设需要

城市中心绿地广场、城市标志性景观绿地等，适当考虑大树移植以促进景观效果的早日形成，有重要的意义。大树移植的成本高，种植、养护的技术要求也高，对整个地区生态效益的提升却有限；更具危害性的是，目前我国的大树移植，多以牺牲局部地区特别是经济不发达地区的生态环境为代价，故非特殊需要，不宜多用。提倡建设大苗苗圃，移植苗圃中的大树，满足城市绿化建设的需要。

（二）大树移植的特点

1. 移植成活困难

（1）大树树龄大，阶段发育程度深，细胞的再生能力下降，在移植过程中被损伤的根系恢复慢。

（2）树体在生长发育过程中，根系扩展范围不仅远超出树冠水平投影范围，而且扎入土层较深，挖掘后的树体可包含的吸收根较少，近干的粗大骨干根木栓化程度高，萌生新根能力差，移植后新根形成缓慢。

（3）大树形体高大，根系距树冠距离长，水分的输送有一定困难；而地上部的枝叶蒸腾面积大，移植后根系水分吸收与树冠水分消耗之间的平衡失调，如不能采取有效措施，极易造成树体失水枯亡。

（4）大树移植需带的土球重，土球在起挖、搬运、栽植过程中易造成破裂，这也是影响大树移植成活的重要因素。

2. 移栽周期长

为有效保证大树移植的成活率，一般要求在移植前的一段时间就作必要的移植处理，从断根缩坨到起苗、运输、栽植以及后期的养护管理，移栽周期少则几个月，多则几年。

3. 工程量大、费用高

大树树体规格大、移植的技术要求高，往往需要动用多种机械。另外，为了确保移植成活率，移植后必须采用一些特殊的养护管理技术与措施，因此在人力、物力、财力上都是巨大的耗费。

4. 绿化效果快速、显著

大树移植技术科学规划、合理运用，可在较短的时间内迅速显现绿化效果，较快发挥城市绿地的景观功能，在城市绿地建设中应用广泛。

(三)大树移植的原则

1. 树种选择原则

① 大树移植要根据当地的气候条件和土壤类型选择适宜的树种,使其在适宜的环境中发挥最大优势。

② 树种选择要多样化,形成丰富多彩的景观。

③ 要考虑树种移植成活的难易。不同树种间在移植成活难易上有明显的差异,最易成活者有杨树、柳树、梧桐、悬铃木、榆树、朴树、银杏、臭椿、楝树、槐树、木兰等,较易成活者有香樟、女贞、桂花、厚朴、厚皮香、广玉兰、七叶树、槭树、榉树等,较难成活者有马尾松、白皮松、雪松、圆柏、侧柏、龙柏、柏树、柳杉、榧树、楠木、山茶、青冈栎等,最难成活者有云杉、冷杉、金钱松、胡桃、桦木等。

④ 考虑树种的寿命。大树移植的成本较高,移植后希望能长时间保持大树的景观效果。如果树种寿命较短,移植后树体不久就进入"老龄化阶段",观赏效果下降,移植时耗费的人力、物力、财力会得不偿失。而对寿命较长的树种,移植后可长时间发挥较好的绿化功能和艺术效果。

2. 树体规格选择原则

大树移植,并非树体规格越大越好、树体年龄越老越好。研究表明,如不采用特殊的管护措施,距地面 30cm 处直径为 10cm 的树木,在移植后 5 年其根系能恢复到移植前的水平;而一株直径为 25cm 的树木,移植后需 15 年才能使根系恢复。同时,移植及养护的成本也随树体规格增大而迅速攀升。

壮年期的树木是移植最佳时期。此时树体恢复生长所需时间短,移植成活率高,易成景观。一般慢生树种应选 20~30 年生大树,速生树种应选 10~20 年生大树,中生树种应选 15 年生大树。一般乔木树种,以树高 4m 以上、胸径 15~25cm 的树木最为合适。

3. 就近选择原则

不同树种对生态因子的要求不一样,移植后的环境条件应尽量和树种的生物学特性及原生地的环境条件相符。因此,在进行大树移植时,以选择乡土树种为主、外来树种为辅,坚持就近选择为先的原则,尽量避免远距离调运大树,使其在适宜的生长环境中发挥最大优势。

4. 科学配置原则

移植大树要配置在主要位置，配置在景观生态最需要的部位，能够产生巨大景观效果的地方，作为景观的重点、亮点。如在公园绿地、居住区绿地等处，大树适宜配置在入口、重要景点、醒目地带作为点景用树；或成为构筑疏林草地的主分；或作为休憩区的庭荫树配置。切忌在一块绿地中集中、过多地应用过大的树木栽植，园林绿地建设要乔、灌、花、草合理组合，模拟自然生态群落，增强绿地生态效应（图1-54）。

图1-54 乔、灌、花、草组合

5. 严格控制原则

大树移植时，要对移植地点和移植方案进行严格的科学论证，移什么树、移植多少，必须精心规划设计。一般而言，大树的移植数量最好控制在绿地种植总量的5%～10%。大树来源更需严格控制，必须以不破坏森林自然生态为前提，最好从苗圃中采购，或从近郊林地中抽稀调整。因城市建设而需搬迁的大树，应妥善安置，以作备用。

6. 科技领先原则

为有效利用大树资源，确保移植成功，应充分掌握树种的生物学特性和生态习性，根据不同树种和树体规格，制订相应的移植与养护方案，选择在当地有成熟移植技术和经验的树种，并充分应用现有的先进技术，降低树体水分蒸腾、促进根系萌生、恢复树冠生长，最大限度地提高移植成活率，尽快、尽好地发挥大树移植的生态和景观效果。

二、大树移植前的准备和处理

大树移植前必须先做好规划，包括树种、规格、数量、造景要求、移植前处理，以及吊运使用机械、转移路线等。

(一) 可移植大树的选择

主要调查树木的生物学及生态学特性，如树木的种类、树龄、树高、胸径、树干直径、冠幅、树形等，以及树木的生长立地类型，并登记、分类、编号。同时对树木来源地、种植地的土壤、水热等环境因素进行相关了解，在调查的基础上慎重选择，确定是否适合移植。

1. 树相选择

树种不同，形态各异，因而它们在绿化上的用途也不同。如行道树，应选择干直、冠大、分支点高，有良好庇荫效果的树体；而庭院观赏树中的孤立树，就应讲究树姿造型。因此，应根据设计要求，选择合乎绿化需要的大树。如在森林内选择时，必须在疏密度不大的林分中选最近5～10年生长在阳光下的树木，过密林分中的树木受光较少，移植到城市绿地后不易成活，且树形不美观，景观效果不理想。此外，应选择树体生长正常、无严重病虫感染以及未受机械损伤的树木。

2. 立地选择

首先应考虑树木原生地的立地条件，并对大树周围的立地环境做详细考察，根据土壤质地、土层厚薄、可携带土球的大小，调运机械进出的通道，周边障碍物的有无等，作出详尽而合理可行的计划。移植地的地势应平坦或坡度不大，过陡的山坡，树木根系分布不正，不仅操作困难且易伤根，土球不易完整，因而应选择便于施工处的树木，最好能使起运机械直接开到树边。此外，还必须考虑栽植地点的立地状况和施工条件，以尽可能和树木原生地的立地环境条件相似，并便于施工养护。

3. 标记登记

选定的大树，用油漆在树干胸径处做出明显的标记，以利识别选定的单株和生长朝向；同时，要建立登记卡，记录树种、高度、干径、分枝点高度、树冠形状和主要观赏面，以便进行移植分类和确定工序。

（二）移植时间的选择

如果掘起的大树带有大而完整的土球，在移植过程中严格执行操作规程，移植后又精心养护，可在任何时期都可以进行大树移植。但在实际中，最佳移植时间的选择，不仅可以提高移植成活率，而且可以有效降低移植成本，方便日后的正常养护管理。

1. 春季移植

早春是大树移植的最佳时期，此期树液开始流动，枝叶开始萌芽生长，挖掘时损伤的根系容易愈合、再生。移植后，经过早春到晚秋的正常生长，树体移植时受伤的根冠已基本恢复，给树体安全越冬创造了有利条件。春季树体开始萌芽而枝叶尚未全部长成之前，树体蒸腾量较小，根系尚能及时恢复水分代谢平衡，可获得较高的移植成活率。

2. 夏季移植

夏季，由于树体蒸腾量较大，一般来说不利于大树移植。在必要时，可采取加大土球、加强修剪、树体遮阴等减少枝叶蒸腾的移植措施，也能获得较好的效果，由于所需技术复杂、成本较高，故一般尽可能避免。但在北方的雨季和南方的梅雨期，由于连阴雨日较长，光照强度较弱，空气湿度较高，也为移植适期。

3. 秋冬移植

从树木开始落叶到气温不低于－15℃这一时期，树体虽处于休眠状态，但地下部分尚未完全停止生理活动，移植时被切断的根系能够愈合恢复，给来年春季萌芽生长创造了良好的条件。但在严寒的北方，必须加强对移植大树的根际保护，才能达到预期目的。

大树移植的最佳适期，还因树种而异，故需区别对待，灵活掌握，分期分批有计划地进行。确定了移植计划以后，具体移植时，还要注意天气状况，避免在极端的天气情况下进行，最好选择阴而无雨或晴而无风的天气进行。欧洲国家提倡在夜间移植大树，可避免日间高温与强光照对树体蒸腾的影响。

（三）大树移植前的技术处理

为提高大树移植的成活率，可在移植前采取适当的技术措施，

以促进树木吸收根系的增生，同时也可为其后的移植施工提供方便。

1. 断根缩坨处理

断根缩坨处理，也叫回根、切根或盘根。在大树移植前的1～3年，分期切断树体的部分根系，以促进吸收须根的生长，缩小日后的根坨挖掘范围，使大树在移植时能形成大量可带走的吸收根。这是提高大树移植成活率的关键技术，特别适用于移植实生大树或具有较高观赏价值的珍稀名贵树木。

在移植前1～3年的春季或秋季，以树干为中心，以3～4倍胸径尺寸为半径画圆或方形，在相对的东西两侧向外（图1-55）挖宽30～40cm的沟，深度视树种根系特点而定，一般为60～80cm。挖掘时，如遇较粗的根，应用锋利的修枝剪或手锯切断，使之与沟的内壁齐平，如遇直径5cm以上的粗根，为防止大树倒伏一般不切断，而于沟内壁处行环状剥皮（宽约10cm），并在剥口涂抹100mg/L的萘乙酸（或吲哚丁酸），以促发新根。然后，填入混合肥料的泥土，夯实，定期浇水。

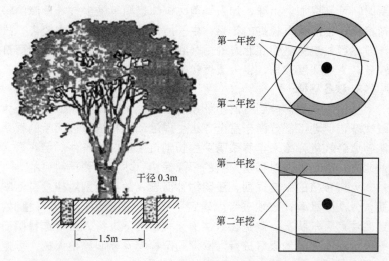

图 1-55 大树断根缩坨

到翌年的春季或秋季，再挖掘南北两侧的沟段，仍照上述操作进行。正常情况下，经 2～3 年，环沟中长满须根后即可起挖移植（图 1-56、图 1-57）。

图 1-56　断根前，吸收根远离树干　　　图 1-57　断根后，须根靠近树干

在气温较高的南方，有时为突击移植，在第一次断根数月后，即起挖移植。如广州等地，通常以距地面 20～40cm 处树干周长为半径，挖环行沟，沟深 60～80cm，沟内填稻草、园土，填满后浇水，相应修剪树冠。但保留两段约占 1/4 的沟段不挖，以便能有足够的根系不受损伤，能够继续吸收养分、水分，使树体正常生长。40～50 天后，新根长出，即可掘树移植。

2. 平衡修剪

大树移植时根系损伤严重，因此一般需对树冠进行修剪，减少枝叶蒸腾，以获得树体水分的平衡。修剪强度则根据树种的不同、栽植季节的变化、树体规格的大小、生长立地条件及移植后采取的养护措施与提供的技术保证来决定。修剪的基本原则是，尽量保持树木的冠形、姿态。萌芽力强、树龄老、规格大、叶薄稠密的树体可强剪，萌芽力弱的常绿树宜轻剪，落叶树在萌芽前移植可尽量不剪。通常采用修剪 1/3 枝叶的强度，对在高温季节移植的落叶阔叶树木则修剪 50％～70％的枝叶。目前国内大树移植主要采用的树冠修剪方式有以下 3 种。

（1）全株式　原则上只将徒长枝、交叉枝、病虫枝、枯弱枝及过密枝剪除，尽量保持树木的原有树冠、树形（图 1-58），绿化的生态、景观效果好，为目前高水平绿地建设中所常用，尤适用于萌芽率弱的常绿树种，如雪松即为典型的代表树种。

（2）截枝式　只保留到树冠的一级分枝，将其上部截除（图 1-59），多用于生长速度和发枝力中等的树种，如广玉兰、香樟、银杏等。这种方式虽可提高移植成活率，但对树形破坏严重，应控制使用。

图 1-58　全株移植

图 1-59　截枝式移植

(3) 截干式　将整个树冠截除，只保留一定高度的主干（图1-60），多用于生长速率快、发枝力强的树种，如悬铃木、国槐、女贞等。虽然这是目前一些城市绿化中经常见到的方法，能有效提高移植成活率，但从理论上讲是极端错误的做法，会带来许多不良后果，正在被愈来愈多的园林工作者所放弃。

3. 修剪操作规范

① 剪口要平整；

② 部位要合理；

③ 疏枝要正确不留残桩；

图 1-60　截干式移植

④ 先修去病虫枝、枯枝，控制徒长枝，伤口保护；

⑤ 大乔木先修剪后栽植，灌木、绿篱先栽植后修剪。

三、大树移植技术

（一）树体挖掘和包扎

1. 起挖前的准备

（1）在起挖前 1～2 天，根据土壤干湿情况，适当浇水，以防挖掘时土壤过干而导致土球松散。

（2）清理大树周围的环境，合理安排运输路线，准备好挖掘工具、包扎材料、吊装机械以及运输车辆等。

（3）起挖前可根据情况进行拉绳或吊缚（图 1-61），以保安全。适当修剪或拢冠（图 1-62），以缩小树冠伸展面积，便于挖掘和防止枝条折损。

2. 起挖和包装

（1）带土球软材包装

① 挖土球：起挖前，要确定土球直径，对未经断根缩坨处理的大树，以胸径的 7～8 倍为所带土球直径画圈，沿圈的外缘挖 60～80cm 宽的沟，沟深也即土球厚度，一般 60～80cm，约为土球直径的 2/3（图 1-63）。实施过断根缩坨处理的大树，填埋沟内新根较多，尤以坨外为盛，起掘时应沿断根沟外侧再放宽 20～30cm。

图 1-61 拉绳　　　　　　　　　图 1-62 拢冠（二）

苗圃中假植的大树，则按假植时所带土球大小来挖。

②包扎：为减轻土球重量，应把表层土铲去，以见侧根细根为度。在大树基部捆扎 60～80cm 高草绳在草绳上钉护板（图 1-64），以保护树干（也可不打钉护板）。

挖到要求的土球厚度时，用预先湿润过的草绳、蒲包片、麻袋片等软材包扎，具体包扎步骤参见本章第一节。

图 1-63 挖土球　　　　　　　　图 1-64 钉护板

（2）带土球方箱包装　带土球方箱包装适于移植胸径 20～30cm、土球直径超过 1.4m 的大树，而且土壤为沙壤土，为防止土球散坨，应采用木箱包装，主要适用于雪松、桧柏、白皮松、龙柏、云杉等常绿树，可确保安全吊运。

①挖土块：以树干为中心，以树木胸径的 7～10 倍为标准画正方形，沿画线的外缘开沟，沟宽 60～80cm，沟深与留土块高度相等，土块规格可达 2.2m×2.2m×0.8m。修平的土块尺寸稍大于边板规格，以保证边板与土块紧密靠实。每一侧面都应修成上大

下小的倒梯形，一般上下两端相差 10～20cm（图 1-65）。

②上壁板：用 4 块专制的壁板（倒梯形，上大下小）夹附土块四侧，四壁板下口对齐，上口沿比土块略低。两块壁板的端部不要顶上，以免影响收紧（图 1-66）。用钢丝绳或螺栓将箱板紧紧扣住土块，用紧绳器将壁板收紧。

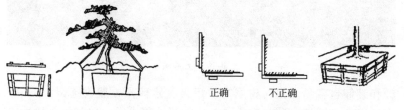

图 1-65　箱板准备与挖土块　　　　　图 1-66　壁板与紧绳器的安装

③上底板：上好壁板后，将沟再挖深 30～40cm，用木块将壁板与坑壁支牢（图 1-67），而后掏挖土块底部。达一定宽度，上一块底板，底板下两端支上木墩，土块两侧各上一块底板，四角支上木墩后，再向里掏挖，再上底板（图 1-68）。

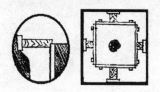

图 1-67　壁板与坑壁支牢　　　　　图 1-68　从两边掏底

④上盖板：在土块上面树干两侧钉平行或呈井字形板条（盖板），并捆扎牢固（图 1-69）。

（3）裸根软材包扎　此法适用于落叶乔木和萌芽力强的常绿树种，如悬铃木、柳树、银杏、女贞等；常常用于胸径小于 5cm 的落叶树种，在气候适宜、湿度较大，运输距离又短的情况下，大树也可采用。大树裸根移植，所带根系的挖掘直径范围一般是树木胸径的 8～12 倍，然后顺着根系将土挖散敲脱，注意保护好细根（图 1-70）。然后在裸露的根系空隙里填入湿苔藓，再用湿草袋、蒲包等软材将根部包缚（图 1-71、图 1-72）。软材包扎法简便易行，运

图 1-69 上盖板

输和装卸也容易，但对树冠需采用强度修剪，一般仅选留 1～2 级主枝缩剪。移植时期一定要选在枝条萌发前进行，并加强栽植后的养护管理，方可确保成活。有条件时，可使用生根粉或保水剂，以提高移植成活率。

图 1-70 裸根苗的根系

（二）起吊

大树移植时，其土球的吊装、运输，应选择合适的设备和正确的方法以免损伤树皮和松散土球。

1. 吊干法

一般对直径 20cm 左右的大树用 10～15t 的吊车。先在树干部位用草绳、麻片缠绕 1～2m 高度，绳或麻片外可再捆一圈木条，防止套脖绳时磨伤树皮。根据树木的根冠比例找起吊的着力点（1～2 个着力点）（图 1-73、图 1-74），用 10 号钢丝或其他材料捆扎树干，套好后慢慢起吊。

图 1-71 喷水

图 1-72 苫布盖苗

图 1-73 吊干法（一个着力点）

图 1-74 吊干法（两个着力点）

2. 吊球（木箱）法

吊绳应直接套住土球底部，亦可一端吊住树木茎干。准备 1 根大于土球周长 4 倍以上的粗麻绳（现多用阔幅尼龙带，对土球的勒伤较小），对折后交叉穿过土球底部，从土球底部上来交叉、拉紧，将两个绳头系在对折处，用吊车挂钩钩住拉紧的两股绳，起吊上车（图 1-75、图 1-76）。

（三）装运

树木规格不同装车方法也不同，可以直立装车（图 1-77），也可斜放（图 1-78），大土球和方箱包装要完全放倒，在运输车厢底部装些土，将土球垫成倾斜状，将土球靠近车头厢板，树冠搁置在后车厢板上。后厢板可设立支架，架住树干，并用草包、麻袋衬垫，防止磨伤树皮，再用粗麻绳将土球树干与车身牢牢捆住，防止

图 1-75　土球软包装起吊

图 1-76　方箱硬包装起吊

土球摇晃（图 1-79）。上车后最好不要将套在土球上的绳套解开，防止拆系绳套时损坏土球，也方便移植时再用。运输途中要有专人押运，运到现场立即御车，立即栽植。

　　树木移植机是用于树木带土球移植的机械，可以完成挖穴、起树、运输、栽植、浇水等全部（或部分）作业。在近距离大树移植时一般采用两台机械同时作业，一台带土球挖掘大树并搬运到移植地点，另一台挖坑并把挖起的土壤回填。虽投入较高，但移植成活率高、工作效率强，并可减轻工人劳动强度、提高作业安全性，值得推广，是发展方向（图 1-80）。

图 1-77　直立装车

图 1-78　倾斜装车

图 1-79　固定

图 1-80　树木移植机挖掘大树

（四）栽植

1. 挖穴

大树移植要掌握"随挖、随包、随运、随栽"的原则，移植前应根据设计要求定点、定树、定位。栽植大树的坑穴，应比土球直径大 40~50cm，比方箱尺寸大 50~60cm，比土球或方箱高度深 20~30cm，并更换适于树木根系生长的腐殖土或培养土。

2. 栽植方向

大树运到后应尽快栽植，大树卸装与吊树入坑方法同装车（图

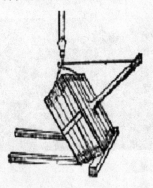

图 1-81　大树卸装　　　　图 1-82　吊树入坑（一）

1-81～图 1-83）。吊装入穴前调整穴深度，保证适宜的栽植深度。大树入穴时，应将树冠最丰满面朝向主观赏方向，并考虑树木在原生长地的朝向。定植吊树入坑时用人力控制树体的方向，尽量符合原来的方向，并保证栽植深度。

图 1-83 吊树入坑（二）

3. 栽植深度

栽植深度直接影响成活，栽植穴的深度不是栽植深度，栽植深浅要考虑多种因素，一般苗木与原土痕平齐（图 1-84）。雪松、大叶榕、桂花、广玉兰等忌水湿树种，常行露球种植，露球高度为土球竖径的 $1/4～1/3$。然后围球堆土成丘状（图 1-85），根际土壤透气性好，有利于根系伤口的愈合和新根的萌发。栽植深度因考虑降雨量、土壤质地等环境条件，雨量越大，栽植越浅（图 1-86）。

图 1-84 一般栽植深度　　　　图 1-85 露球种植

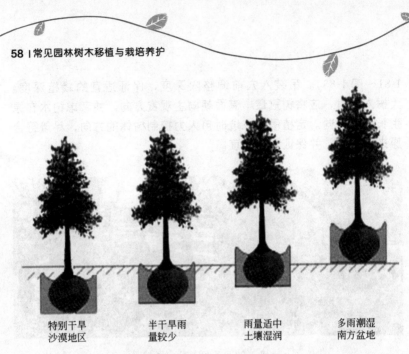

特别干旱　　半干旱雨　　雨量适中　　多雨潮湿
沙漠地区　　量较少　　　土壤湿润　　南方盆地

图 1-86　不同降雨量与栽植深度

4. 拆包扎物、填土、围堰

树木栽植入穴后，拆除草绳、蒲包等包扎材料，填土时每填
20～30cm 即夯实一次，但应注意不得损伤土球。栽植完毕后，在
树穴外缘筑一个高 30cm 的围堰，浇透定植水。

四、提高大树移植成活率的措施

1. 掌握科学的大树移植技术

选择合适的树木，科学地挖掘、包扎、装运，做到随挖、随
包、随运、随栽，减少根系水分损失。

2. 保证所带土球有足够的吸收根

增大土球，移植前 1～2 年进行断根缩坨处理，增加所带土球
吸收根量，可有效提高移植成活率。

3. ABT 生根粉的使用

采用软材包装移植大树时，可选用 ABT 生根粉处理树体根
部，有利于树木在移植和养护过程中损伤根系的快速恢复，促进树
体的水分平衡，提高移植成活率达 90.8% 以上。掘树时，对直径

大于 3cm 的短根伤口喷涂 150mg/L ABT1 号生根粉，以促进伤口愈合。修根时，若遇土球掉土过多，可用拌有生根粉的黄泥浆涂刷。

4. 保水剂的使用

主要应用的保水剂为聚丙乙烯酰胺和淀粉接枝型，拌土使用的大多选择 0.5～3mm 粒径的剂型，可节水 50％～70％，只要不翻土，水质不是特别差，保水剂寿命可超过 4 年。保水剂的使用，除可提高土壤的通透性，还具有一定的保墒效果，提高树体抗逆性，另外可节肥 30％以上，尤适用于北方以及干旱地区大树移植时使用。以有效根层干土中加入 0.1％拌匀，再浇透水；或让保水剂吸足水成饱和凝胶，以 10％～15％比例加入与土拌匀。北方地区大树移植时拌土使用，一般在树冠垂直位置挖 2～4 个坑，长：宽：高为 1.2m：0.5m：0.6m，分三层放入保水剂，分层夯实并铺上干草。用量根据树木规格和品种而定，一般用量 150～300g/株。为提高保水剂的吸水效果，在拌土前先让其吸足水分成饱和凝胶，一般 2.5h 吸足（图 1-87），均匀拌土后再拌肥使用；采用此法，只要有 300mm 的年降雨量，大树移植后可不必再浇水，并可以做到秋水来年春用。

图 1-87　保水剂使用效果

5. 挂瓶输液技术

移植大树时尽管可带土球，但仍然会失去许多吸收根系，而留下的老根再生能力差，新根发生慢，吸收能力难以满足树体生长需要。截枝去叶虽可降低树体水分蒸腾，但当供应（吸收水分）小于消耗（蒸腾水分）时，仍会导致树体脱水死亡。为了维持大树移植后的水分平衡，通常采用外部补水（土壤浇水和树体喷水）的措施，但有时效果并不理想，灌溉方法不当时还易造成渍水烂根。采用向树体内输液给水的方法，即用特定的器械（图 1-88）把水分直接输入树体木质部，可确保树体获得及时、必要的水分，从而有效提高大树移植的成活率。

图 1-88　树体输液设备

（1）液体配制　输入的液体主要以水分为主，并可配入微量的植物生长激素和磷、钾矿物质元素。为了增强水的活性，可以使用磁化水或冷开水，同时每千克水中可溶入 ABT5 号生根粉 0.1g、磷酸二氢钾 0.5g。生根粉可以激发细胞原生质体的活力，以促进生根，磷、钾元素能促进树体生活力的恢复。

（2）钻孔　用木工钻在树体的基部钻洞孔数个，孔向朝下与树干呈 30°夹角，深至髓心为度（图 1-89）。洞孔数量的多少和孔径的大小应与树体大小和输液插头的直径相匹配。采用树干注射器和喷雾器输液时，需钻输液孔 1～2 个；挂瓶输液时，需钻输液孔洞 2～4 个。输液洞孔的水平分布要均匀，纵向错开，不宜处于同一垂直线方向。

（3）输液　将装好配液的贮液瓶钉挂在孔洞上方（图 1-90），把棉芯线的两头分别伸入贮液瓶底和输液洞孔底（图 1-91），外露棉芯线应套上塑管，防止污染，配液可通过棉芯线输入树体。

6. 插瓶输液技术

（1）作用特点　给树体输入生命平衡液，能及时提供芽生长的

图 1-89 钻孔

图 1-90 挂瓶

动力物质，促进大树快速发芽；补充芽生长的营养物质，促进芽健康生长，提高移栽大树成活率，恢复树势。本输液插瓶是根据人体输液原理而发明的可多次使用的输液插瓶，具有使用方便（可两用）、节约水肥、利用率高等特点。

（2）用法用量

① 呈 45°钻孔，孔深 5～6cm，孔径 6～8mm（图 1-92）。

② 旋下其中一个瓶盖，刺破封口，换上插头，旋紧后将插头紧插在孔中，然后旋下另外一个瓶盖，刺破封口后旋上（调节松紧

图 1-91 插入外套塑管的棉芯线

控制流速），一般情况下，胸径 8～10cm 的树插 1 瓶，胸径大于
10cm 的大树一般插 2～4 瓶（图 1-93），尽量插在树干上部（插在
主干和一级主枝分杈处下方，也可在每根一级主枝上插 1 瓶）。首
次用完后的加液量一般根据树体需求和恢复情况决定。

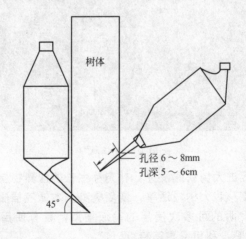

图 1-92 插瓶输液示意图

树干输液时，其次数和时间应根据树体需水情况而定；挂瓶输
液时，可根据需要增加贮液瓶内的配液。当树体抽梢后即可停止输
液，并涂浆封死孔口。有冰冻的天气不宜输液，以免树体受冻害。

图 1-93 插瓶输液

7. 加强移植后的养护管理

大树栽植后应立即支撑固定、裹干、遮阴、树盘覆盖、树冠喷水等，是提高成活率必不可少的措施，具体养护管理内容和操作参见本章第一节"栽植成活期的养护管理"。

五、土球破损、散球的处理

① 对未散落的土球尽快重新包扎，重点要保住护心土（宿土）；

② 喷生根液和根福星等，促生根和消毒防腐；

③ 对土坑和栽植土进行消毒杀菌；

④ 适当增大修剪量，减少养分和水分蒸发，注意剪口涂保护剂；

⑤ 移植后吊袋输液，补充树体的生命物质促进大树发芽；

⑥ 尽可能不用破损散球的大树苗木。

六、大树降温微灌系统

（一）系统组成

大树降温系统通常由首部枢纽、输水管网和灌水器三部分组成。

1. 首部枢纽

有压洁净水源，在水源压力和水质符合要求的情况下，首部枢纽只需要一个主阀门即可，主阀门可采用球阀或闸阀。如果水源压力不能满足最远端灌水器的工作要求，则需要增加一台管道增压泵及相应的电气控制装置。在利用河塘、沟渠等作为水源时，必须在取水口建造拦污栅、沉淀池，在管道中安装过滤装置，进行洁净处理。首部枢纽应包含水泵及附属设备、电气控制装置、过滤装置、主阀门等。

2. 输水管网

从主阀门出水口到灌水器进水口，均为系统输水管网。根据功能特征和位置的不同，一般可分为主管、支管和毛管。

3. 灌水器

灌水器是大树降温系统的关键部分，可选用工作压力低、流量小、雾化指数适中的微喷头。主要有折射式和旋转式两种，微喷头的工作压力一般为 $0.15 \sim 0.30$MPa，喷洒半径 $1.5 \sim 4.2$m（图 1-94）。一般而言，一株 8m 高的广玉兰，采用 2～3 个微喷头即可满足工作要求。

图 1-94　大树降温微灌系统

（二）系统功效

大树降温系统利用微喷头，对移植的大树进行多次、少量的间歇微灌，不仅可以保证充分的水分供给，又不会造成地面径流导致土壤板结，有利于维持根基土壤的水、肥、气结构。而且笼罩整株大树的水雾，在部分蒸发时可有效降低树木周围的温度，减小树冠水分蒸腾，最大限度地提高大树移植的成活率。相对于传统的供水方式，大树降温系统可以大量节省劳动力、降低劳动强度，而且省水 $50\%\sim80\%$。

一、铺装地面的栽植

在具硬质铺装地面的人行道、广场、停车场等，树木栽植和养护时常发生有关土壤排、灌、通气、施肥等方面的矛盾，需作特殊的处理。

（一）铺装地面栽植的环境特点

1. 树盘土壤面积小

在有铺装的地面进行树木栽植，大多情况下种植穴的表面积都比较小，土壤与外界的交流受制约较大。如城市行道树栽植时，树盘土壤表面积一般仅 $1\sim2m^2$，有时覆盖材料甚至一直铺到树干基部，树盘范围内的土壤表面积极少（图 1-95）。

图 1-95 硬质铺装地面树木的栽植

2. 生长环境条件恶劣

在铺装地面上栽植的树木，除根际土壤被压实、透气性差，导致土壤水分、营养物质与外界的交换受阻外，还会受到强烈的地面热量辐射和水分蒸发的影响，其生境比一般立地条件下要恶劣得多。

3. 易受机械性伤害

铺装地面大多为人群活动密集的区域，树木生长容易受到人为的干扰和损伤，在树干基部堆放有害、有碍物质，以及市政施工时对树体造成的各类机械性伤害。

(二) 铺装地面的树木栽植技术

1. 树种选择

铺装立地环境特殊，树种应具有耐干旱、耐贫瘠特性，根系发达；树体能耐高温与阳光暴晒，不易发生灼伤。

2. 土壤处理

适当更换栽植穴的土壤，改善土壤的通透性和土壤肥力，更换土壤的深度为50~100cm，并在栽植后加强肥水管理。

3. 树盘处理

应保证栽植在铺装地面的树木有一定的根系土壤体积。据研究，在有铺装地面栽植的树木，根系至少应有$3m^3$的土壤，且增加树木基部的土壤表面积要比增加栽植深度更为有利。铺装地面切忌一直伸展到树干基部，否则随着树木的加粗生长，不仅地面铺装材料会嵌入树干体内，树木根系的生长也会抬升地面，造成地面破裂不平。

树盘地面可栽植花草，覆盖树皮、木片、碎石等，一方面提升景观效果，另一方面起到保墒、减少扬尘的作用；也可采用两半的铁盖、水泥板覆盖，但其表面必须有通气孔，盖板最好不直接接触土表。如在荷兰和美国，一般采用图1-96的处理方法，以减少铺装地面对树体的伤害，也可减少树木对铺装面的破坏。

如是水泥、沥青等表面没有缝隙的整体铺装地面，应在树盘内设置通气管道以改善土壤的通气性。通气管道一般采用PVC管，直径10~12cm，管长60~100cm，管壁钻孔，通常安置在种植穴的四角（图1-97）。

二、容器栽植

(一) 容器栽植的特点

在可植树地面空间有限的地域，如商业区的步行街、商场门

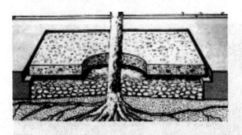

图 1-96　树盘表面的铺盖处理

图 1-97　铺装立地的管道
通气处理

前、停车场等城市中心区域，为了增加树量，营造绿色，通常使用各类容器来栽植树木。

1. 应用特点

（1）可移动性与临时性　在自然环境不适合树木栽植、空间狭小无法栽植或临时性栽植需要等情况下，可采用容器栽植进行环境绿化。如城市道路全部为铺装的条件下，采用摆放各式容器栽植的树木，进行生态环境绿化，特别是为了满足节假日等喜庆活动的需要，大量使用容器栽植的观赏树木来美化街头、绿地，营造与烘托节日的氛围。

（2）树种选择多样性　容器栽植可采用保护地设施培育，受气候或地理环境的限制较小，树木种类选择要多。在北方，利用容器栽植技术，可将热带、亚热带树种呈现室外，丰富观赏树木的应用范畴（图 1-98）。

2. 栽培特点

（1）容器种类　提供树木栽植的容器，材质各异，常用的有陶、瓷、木、塑料等。

陶盆透气性好，但易碎，不宜经常搬动；外表朴实，多用作室外摆放（图 1-99）。瓷盆多为上釉盆，透气性不良，对树体生长不利（图 1-100）；盆面时有彩绘，多用于室内摆饰。

木盆多用坚硬而不易腐烂的杉、松、柏等木料制作，且外部通常刷以油漆，既可防腐，又美观（图 1-101）。桶底设排水孔，桶边通常装有方便搬动的把手。

强化塑料盆质轻、坚固、耐用，可加工成各种形状、颜色，但

图 1-98 容器栽植的应用

图 1-99 陶盆

图 1-100 瓷盆

图 1-101 木盆

图 1-102 硬质塑料盆

透气性不良，夏天受太阳光直射时壁面温度高，不利于树体根系的生长（图 1-102）。

玻璃纤维强化灰泥盆是最新采用的一种栽植容器，坚固耐用性同强化塑料盆，易于运输，但面壁厚，透气性不良（图 1-103）。

图 1-103　灰泥盆

另外，在铺装地面上砌制的各种栽植槽，有砖砌、混凝土浇注、钢制等，也可理解为容器栽植的一种特殊类型，不过它固定于地面，不能移动。

（2）容器大小　栽植容器的大小不定，主要以容纳满足树体生长所需的土壤为度，并有足够的深度能固定树体。一般情况下的容器深度为，中等灌木 40～60cm，大灌木与小乔木则至少应有 80～100cm 的深度。

（3）基质种类　容器栽植需要经常搬动，应选用疏松肥沃、容重较轻的基质。

① 有机基质：常见的有木屑、稻壳、泥炭、草炭、腐熟堆肥等。锯末的成本低、重量轻，便于使用，以中等细度的锯末或加适量比例的刨花细锯末混用，效果较好，水分扩散均匀。在粉碎的木屑中加入氮肥，经过腐熟后使用效果更佳。但松柏类锯末富含油脂，不宜使用；侧柏类锯末含有毒素物质，更要忌用。泥炭由半分解的水生、沼泽地的植被组成，因其来源、分解状况及矿物含量、pH 值的不同，又分为泥炭藓、芦苇苔草、泥炭腐殖质三种。其中泥炭藓持水量高于本身干重的 10 倍，pH 3.8～4.5，并含有氮（1%～2%），适于作基质使用。

② 无机基质：常用的有珍珠岩、蛭石、沸石等。蛭石具有良好的缓冲性能，持水力强，透气性差，适于栽培茶花、杜鹃等喜湿树种。珍珠岩 pH 5～7，无缓冲作用，不含矿质养分；颗粒结构坚固，通气性较好，但保水力差，水分蒸发快，特别适合木兰类等肉质根树种的栽培，可单独使用，或与沙、园土混合使用。沸石的阳

离子交换量（CEC）大，保肥能力强。

　　草炭、泥炭等有机基质的养分含量高，但保水性差；无机基质蛭石、珍珠岩等却有良好的保水性与透气性。一般情况下，栽植基质多采用富含有机质的草炭、泥炭与轻质保水的珍珠岩、蛭石按一定比例混合，两者优势互补。

　　（4）营养与水分　自然条件下树体生长发育过程中需要的多种养分，大部分是从土壤中吸取的。容器栽植因受容器体积的限制，土壤基质及所能供应的养分均有限。容器基质土壤的封闭环境也不利于根际水分平衡，遇暴雨时不易排出，遇干旱时又无法吸收补充，故需精细养护。

　　容器栽植，虽根系发育受容器的制约，养护成本及技术要求高，但容器栽植时的基质、肥料、水分条件易固定，又方便管理与养护。在露地栽植树木困难的一些特殊立地环境，采用容器栽植可提高成活率；一些珍稀树木、新引种的树木、移植困难的树木，则可先直接采用容器培育，成活后再行移植。

（二）容器栽植的树种选择

　　容器栽植特别适合于生长缓慢、浅根性、耐旱性强的树种。乔木类常用的有桧柏、五针松、柳杉、银杏等；灌木的选择范围较大，常用的有罗汉松、花柏、刺柏、杜鹃、桂花、继木、月季、山茶、八仙花、榆叶梅、栀子等。地被树种在土层浅薄的容器中也可以生长，如铺地柏、平枝栒子、八角金盘、菲白竹等。

（三）容器栽植的管理

1. 浇水

　　室外摆放的容器栽植树木易失水干旱，根据树体的生长需要适期给水，是容器栽植养护技术的关键。由于容器内的培养条件较固定，可比较容易地根据基质水分的蒸发量，推算出补水需求。例如，一株胸径5cm的银杏，栽植于长1.5m、高1m的容器中，春夏平均蒸发量约为160L/d，一次浇水后保持在容器土壤中的有效水为427L，每3天就得浇足水一次。精确的计算可在土壤中埋设湿度感应器，通过测量土壤含水量，以确定灌溉量。水分管理一般采用浇灌、喷灌、滴灌的方法，以滴灌设施最为经济、科学，并可实现计算机控制、自动管理。

2. 施肥

容器中的基质及所含的养分有限，无法满足树体生长的需要，施肥是容器栽植的重要措施。最有效的施肥方法是结合灌溉进行，将树体生长所需的营养元素溶于水中，根据树木生长阶段和季节特征确定施肥量。此外，叶面施肥也是一种简单易行、用肥量小、发挥作用快的施肥方法。

3. 防倒伏

容器栽植树木地上部分的庞大树冠影响其稳定性，被风刮倒的可能性增加。树木的树形、叶片、枝密度及绿叶期等特性都影响树冠受风面积，一般枝叶繁茂的常绿乔木更易被大风吹倒。适度修剪可减少树木的受风面，风从枝叶空隙中穿过，可降低被风刮倒的发生概率。在风大或多风的季节，将容器固定于地面，是增加其稳定性最稳妥的措施。

4. 修剪

容器栽植的树木，根系生长发育有限，合理修剪可控制竞争枝、直立枝、徒长枝生长，从而控制树形和体量，保持一定的根冠比例，均衡生长。

（四）乔木的容器栽植设计

图 1-104 是城市商业区经常可见的乔木容器栽植，若采用滴灌

图 1-104　乔木容器栽植

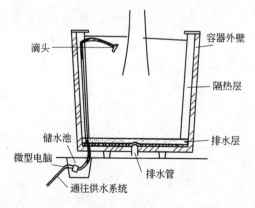

图 1-105　容器栽植精细灌溉系统

措施，可将连接着水管的滴头直接埋在土壤中，水管与供水系统相连，供水量可实现微机控制。在容器底部铺有排水层，主要由碎瓦等粗材料组成，底部中间开有排水孔。容器壁由两层组成，一层为外壁，另一层为隔热层。隔热层对于外壁较薄的容器尤为重要，可有效减缓阳光直射时壁温升高对树木根系造成的伤害（图1-105）。

第二章

园林树木的养护
管理

第一节 园林树木养护管理概述

一、园林树木养护管理的意义

1. 园林树木养护管理的概念

园林树木养护管理就是根据园林植物的生理特性与生长规律，为达到特定的景观效果与生态服务功能，而采取的一系列技术处理措施和人为控制行为。

园林工程的绿化、美化效果，在很大程度上取决于养护管理水平的高低，"三分种，七分养"。养护管理工作在一定程度上或一定时期内就是施工过程的延续。

2. 园林树木养护管理的意义

① 及时科学的养护管理，可克服园林植物在种植过程中对植物枝叶、根系所造成的损伤，保证成活，迅速恢复生长势，是充分发挥景观美化效果的重要手段。

② 经常、有效、合理的日常养护管理，可使园林植物适应环境，克服自然灾害和病虫害的侵袭，保持健壮、旺盛的自然长势，增强绿化效果，是发挥园林植物在园林中多种功能效益的有力保障。

③ 长期、科学、精心的养护管理，还能预防园林植物的早衰，延长生长寿命，保持优美的景观效果，节省开支，提高园林经济、社会效益。

二、园林树木养护管理的内容

园林植物的生长发育受光照、温度、土壤、水分、肥料、气体等外界环境因子的影响，养护管理的主要内容是指为了维持植物生长发育所采取的土壤改良、松土、除草、水肥管理、病虫防治、整形修剪等措施。

不同树种、不同地区、不同环境、不同栽培目的养护管理的具体方法不同。在园林植物的养护管理中，应顺应植物的生物学特性和生长发育规律，以及当地的环境条件，还应考虑设备设施、经费、人力等主观条件，制定出适宜的养护管理工作月历。

三、园林树木的管理标准

园林树木能否达到理想的景观、生态效果，在很大程度上取决于养护管理。为各个年龄期的树体生长创造适宜的环境条件，使树体长期维持较好的生长势，必须制定养护管理的技术标准和操作规范，使养护管理工作目标明确，措施有力，做到养护管理科学化、规范化。

采用分级管理是较好的园林树木养护管理方法。例如，北京市园林管理局根据绿地类型的区域位势轻重和财政状况，对绿地树木制定分级管理与养护的标准，为现阶段条件下行之有效的措施之一。

1. 一级管理

（1）生长势好，生长超过该树种、该规格的平均年生长量（指标经调查后确定）。

（2）叶片完亮，叶片色鲜、质厚、具光泽。不黄叶、不焦边、不卷边、不落叶，叶面无虫粪、虫网和积尘。被虫咬食叶片，单株在5%以下。

（3）枝干健壮，枝条粗壮，越冬前新梢木质化程度高。无明显枯枝、死权，无蛀干害虫的活卵、活虫。介壳虫最严重处，主干、主枝上平均成虫数少于1头/100cm，较细枝条的平均成虫数少于5头/30cm，受虫害株数在2%以下，无明显的人为损坏。绿地草坪内无堆物、搭棚或侵占等；行道树下距树干1m内无堆物、搭棚、圈栏等影响树木养护管理和树体生长的物品。树冠完整美观，分枝点合适，主、侧枝分布均称，内膛不乱、通风透光。绿篱类树木，应枝条茂密，完满无缺。

（4）缺株在2%以下。

2. 二级管理

（1）生长势正常，正常生长达到该树种、该规格的平均生长量。

（2）叶片正常，叶色、大小、厚薄正常。有较严重黄叶、焦叶、卷叶及带虫粪、虫网、蒙尘叶的株数在2%以下。被虫咬食的

叶片，单株在 5%～10%。

(3) 枝、干正常，无明显枯枝、死杈。有蛀干害虫的株数在2%以下。介壳虫最严重处，主干上平均成虫数少于 1～2 头/100cm，较细枝条平均成虫数少于 5～10 头/30cm。有虫株数在2%～4%。无较严重的人为损坏，对轻微或偶尔发生的人为损坏，能及时发现和处理。绿地草坪内无堆物、搭棚、侵占等；行道树下距树干 1m 内无影响树木养护管理的堆物、搭棚、圈栏等。树冠基本完整，主侧枝分布匀称，树冠通风透光。

(4) 缺株在 2%～4%。

3. 三级管理

(1) 生长势基本正常。

(2) 叶片基本正常，叶色、大小、厚薄基本正常。有较严重黄叶、焦叶、卷叶及带虫粪、虫网、蒙尘叶的株数在 2%～4%。虫食叶单株 10%～15%。

(3) 枝、干基本正常，无明显枯枝、死杈。有蛀干害虫的株数在 2%～10%。介壳虫最严重处，主干主枝上平均成虫数少于 2～3头/100cm；较细枝条的平均成虫数少于 10～15 头/30cm。有虫株数在 4%～6%。对人为损坏能及时进行处理。绿地内无堆物、搭棚、侵占等；行道树下无堆放石灰等对树木有烧伤、毒害的物质，无搭棚、围墙、圈占树等。90%以上的树木树冠基本完整。

(4) 缺株在 4%～6%。

4. 四级管理

(1) 被严重吃花树叶（被虫咬食的叶面积、数量都超过一半）的株数达 20%，被严重吃光树叶的株数达 10%。

(2) 严重焦叶、卷叶、落叶的株数达 20%，严重焦梢的株数达 10%。

(3) 有蛀干害虫的株数在 30%。介壳虫最严重处，主干主枝上每 100cm 平均成虫数多于 3 头，较细枝条上每 30cm 平均成虫数多于 15 头。有虫株数在 6%以上。

(4) 缺株在 6%～10%。

以上的分级养护质量标准，是根据现时的生产管理水平和人力物力等条件，而采取的暂时性措施。今后，随着对生态环境建设投入的加大，随着城市绿化养护管理水平的提高，应逐渐向一级标准靠拢，以更好地发挥园林树木的景观生态环境效益。

第二节 园林树木的土、肥、水管理

一、园林树木的土壤管理

土壤的质量直接关系着园林树木生长的好坏；土壤管理结合园林工程的地形地貌改造，有利于增强园林景观的艺术效果，并能防止和减少水土流失与尘土飞扬的发生。园林树木土壤管理的任务就在于，通过多种综合措施来提高土壤肥力，改善土壤结构和理化性质，保证园林树木健康生长所需养分、水分、空气的不断有效供给。

(一) 土壤物理改良

合理的土壤耕作可改善土壤的水分和通气条件，促进微生物的活动，加快土壤的熟化进程，使难溶性营养物质转化为可溶性养分，从而提高土壤肥力；也为根系提供更广的伸展空间，以保证树木随着年龄的增长对水、肥、气、热的不断需要。

1. 深翻熟化

深翻就是对园林树木根区范围内的土壤进行深度翻垦。深翻可改善土壤的理化性状，促进根系生长。深翻一般在秋季结合秋施基肥进行，有利于根系恢复，对树体损伤小。深翻深度以深于树木主要根系分布层为度，山地土层薄、土质较黏重或地下水位较低时，深翻深度宜深一些；平地沙质土壤，且土层深厚，深翻可适当浅些。

土壤深翻的效果能保持多年，一般情况下，黏土、涝洼地深翻后容易恢复紧实，因而保持年限较短，可每 1～2 年深翻耕一次；而地下水位低、排水良好、疏松透气的沙壤土，保持时间较长，则可每 3～4 年深翻耕一次。

园林树木土壤深翻方式主要有树盘深翻与行间深翻两种。树盘深翻是在树木树冠边缘，于地面的垂直投影线附近挖取环状深翻沟（图 2-1），有利于树木根系向外扩展，适用于园林草坪中的孤植树

和株间距大的树木；行间深翻则是在两排树木的行中间，沿列方向挖取长条形深翻沟（图2-2），达到了对两行树木同时深翻的目的，这种方式多适用于呈行列布置的树木，如风景林、防护林带、园林苗圃等。

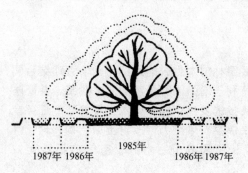

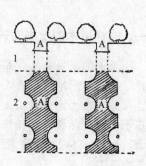

图 2-1 树盘深翻	图 2-2 行间深翻
	1—断面图；2—平面图；3—深翻处

各种深翻均应结合施肥和灌溉进行。深翻时，最好将上层肥沃土壤与腐熟有机肥拌和，填入深翻沟的底部，以改良根层附近的土壤结构，为根系生长创造有利条件，而将心土放在上面，促使心土迅速熟化。

2. 中耕通气

中耕可以减少土壤水分蒸发，防止土壤泛碱，改良土壤通气状况，促进土壤微生物活动，有利于难溶性养分的分解，提高土壤肥力。中耕深度一般大苗 6～10cm，小苗 2～3cm，过深易伤根，过浅起不到中耕的作用。中耕是一项经常性工作，中耕次数应根据当地的气候条件、树种特性以及杂草生长状况而定。土壤中耕大多在生长季节进行，如为消除杂草，在杂草出苗期和结实期中耕效果较好。一般每年土壤的中耕次数要达到 2～3 次，在土壤灌水之后，要及时中耕。

3. 客土

为了某种特殊要求，某些苗木种类要在苗圃地栽植而该苗圃地土壤又不适合苗木生长时，可以给它换土栽培，即"客土"。一般偏沙土壤可以结合深翻掺一些黏土，偏黏土壤可以掺一些沙土，或

图 2-3 中耕除草

在树木的栽植穴中换土。

4. 培土

培土是在树木生长地添加部分土壤基质（图 2-3），以增加土层厚度，保护根系，补充营养，改良土壤结构。在我国南方降雨量大，强度高，土壤淋洗流失严重，土层变浅，树木的根系大量裸露，树木长势差，需要及时进行培土。北方寒冷地区一般在晚秋初冬进行，可起保温防冻、积雪保墒的作用。土质黏重的应培含沙质较多的肥土，沙质土壤可培塘泥、河泥等较黏重的土壤。一般培土厚度为 5～10cm，沙压黏或黏压沙时要薄一些。

图 2-4 培土

（二）土壤化学改良

1. 施肥改良

有机肥又称完全肥料或迟效性肥料，多作基肥使用。生产上常用的有机肥有厩肥、堆肥、禽类粪、鱼肥、人粪尿、土杂肥、绿肥等，这些有机肥均需经过腐熟发酵才可使用。有机肥料不仅能供给植物所需的营养元素和某些生理活性物质，还能增加土壤的腐殖质，增加土壤孔隙度，改良黏土的结构，提高土壤保肥保水能力，缓冲土壤酸碱度，从而改善土壤的水、肥、气、热状况。施肥改良常与土壤的深翻工作结合进行。

2. 土壤酸碱度调节

土壤的酸碱度与园林树木的生长发育密切相关，主要影响土壤养分物质的转化与有效性，以及土壤微生物的活动和土壤的理化性质。

绝大数园林树木适宜中性至微酸性的土壤，我国南方城市的土壤 pH 偏低，北方偏高，所以，土壤酸碱度的调节是一项十分重要的土壤管理工作。

(1) 土壤酸化　对偏碱性的土壤进行必要处理，使之 pH 降低，符合酸性园林树种生长需要，即土壤酸化。目前，土壤酸化主要通过施用释酸物质进行调节，如施用有机肥料、生理酸性肥料、硫黄等，通过这些物质在土壤中的转化，产生酸性物质，降低土壤的 pH。据试验，每亩施用 30kg 硫黄粉，可使土壤 pH 从 8.0 降到 6.5 左右。硫黄粉的酸化效果较持久，但见效缓慢。对盆栽园林树木也可用 1：50 的硫酸铝钾，或 1：180 的硫酸亚铁水溶液浇灌植株来降低 pH。

(2) 土壤碱化　对偏酸的土壤进行必要处理，使之 pH 提高，符合一些碱性树种生长需要，即土壤碱化。土壤碱化的常用方法是向土壤中施加石灰、草木灰等碱性物质，但以石灰应用较普遍。调节土壤酸度的石灰是农业上用的"农业石灰"（石灰石粉或碳酸钙粉），并非工业建筑用的烧石灰。石灰石粉越细越好，这样可增加土壤内的离子交换强度，以达到调节土壤 pH 的目的。生产上一般 300～450 目的石灰石粉较适宜。

3. 土壤疏松剂改良

土壤疏松剂可大致分为有机、无机和高分子三种类型，它们的功能分别表现在：膨松土壤，提高置换容量，促进微生物活动；增多孔穴，协调保水与通气、透水性；使土壤粒子团粒化。国外广泛使用的聚丙烯酰胺，为人工合成的高分子化合物，使用时，先把干粉溶于 80℃ 以上的热水，制成 2% 的母液，再稀释 10 倍浇灌至 5cm 深土层中，通过其离子键、氢键的吸引，使土壤连接形成团粒结构，从而优化土壤水、肥、气、热条件，其效果可达 3 年以上。

目前，我国大量使用的疏松剂以有机类型为主，如泥炭、锯末粉、谷糠、腐叶土、腐殖土、家畜厩肥等，这些材料来源广泛，价格便宜，效果较好，但在运用过程中要注意腐熟，并在土壤中混合均匀。

(三) 土壤生物改良

1. 植物改良

植物改良主要指通过种植地被植物来达到改良土壤的目的。所谓地被植物，是指那些低矮的（高度在 50cm 内）、铺展能力强、能生长在城市园林绿地植物群落底层的一类植物。地被植物在园林绿地中的应用，一方面能改善土壤结构，降低蒸发，控制杂草丛生，减少水、土、肥流失与土温的日变幅等，有利于园林树木根系生长；另一方面，地面有地被植物覆盖，可避免地表裸露，防止尘土飞扬，丰富园林景观。因此，地被植物覆盖地面，是一项行之有效的生物改良土壤措施，效果显著。

地被植物要求适应性强，有一定的耐阴、耐践踏能力，根系有一定的固氮力，枯枝落叶易于腐熟分解，覆盖面大，繁殖容易，有一定的观赏价值。常见种类有地瓜藤、常春藤、地锦、络石、扶芳藤、三叶草、马蹄金、萱草、麦冬、沿阶草、玉簪、百合、鸢尾、酢浆草、二月兰、虞美人、羽扇豆、草木犀、香豌豆等，各地可根据实际情况灵活选用。

2. 动物改良

土壤中的蚯蚓，对土壤混合、团粒结构的形成及土壤通气状况的改善都有很大益处；土壤中有些微生物繁殖快，活动性强，能促进岩石风化和养分释放，加快动植物残体的分解，有助于营养物质转化，所以，利用有益动物种类也是改良土壤的好办法。

微生物肥料也称菌肥，又称微生物接种剂，是含有大量有益微生物，施入土壤后，或能固定空气中的氮素，或能活化土壤中的养

分，改善植物的营养环境，或在微生物的生命活动过程中，产生活性物质，刺激植物生长的特定微生物制品。

二、园林树木的水分管理

水分管理是根据各类园林树木对水分的要求，通过多种技术和手段，来满足其对水分的合理需求，保障水分的有效供给，达到园林树木健康生长的目的，同时节约水资源。

（一）园林树木需水特性

要制订合理的灌溉方案，合理安排灌溉工作，确保园林树木的健康生长，要求正确全面认识园林树木的需水特性。

1. 园林树木种类与需水

不同的园林树木种类、不同的品种需水情况不同。一般来说，生长速度快，生长期长，花、果、叶量大的种类需水量大，反之则小。通常乔木比灌木，常绿树种比落叶树种，阳性树种比荫性树种，浅根性树种比深根性树种，中生、湿生树种比旱生树种需要较多的水分。要注意需水量大的种类不一定需要土壤常湿，需水量小的也不一定要土壤常干，苗木的耐旱力与耐湿力并不完全是相反的。

2. 生长发育阶段与需水

在树木的一生中，种子萌发时必须吸收足够的水分，以便种皮膨胀软化，此时需水量大；幼苗时期，苗木的根系细弱，分布浅，抗旱力差，需水量小，但要经常保持湿润状态；以后随着植体增大、根系的发达，总需水量增加，对水分的适应能力也有所增强。在一年当中，生长季节的需水量要大于休眠期，秋冬季节大多数树木处于休眠状态，这时要少浇水或不浇水，以防止烂根；春季气温回升，随着树木开始生长，其需水量也逐渐变大。

3. 栽植年限与需水

栽植年限越短需水量越大，刚刚栽植的园林树木，受损根系还没有恢复吸收功能，短时间内根系必须借助灌水才能与土壤紧密接触，这时要经常多次灌水，才能保证成活。如果是常绿树种，还有必要对枝叶进行喷雾。树木定植经过一定年限后，进入正常生长阶段，地上部分与地下部分建立起了新的平衡，需水的迫切性会逐渐下降，就不需经常灌水。

4. 立地条件与需水

生长在不同地区的园林树木，受当地气候、地形、土壤等的影响，需水状况差别很大。气温高、光照强、空气干燥而且风大的地方，树木的蒸腾作用就强，其需水量就大，反之则小。土壤的质地、结构与灌水密切相关。如沙土，保水性较差，应"小水勤浇"，较黏重土壤保水力强，灌溉次数和灌水量均应适当减少。若种植地面经过了铺装，或游人践踏严重、透气差的树木，还应给予经常性的地上喷雾，以补充土壤水分的不足。

5. 管理措施与需水

管理措施对园林树木的需水情况有较多影响。一般说来，经过了合理的深翻、中耕、客土，施用丰富有机肥料的土壤，其结构性能好，可以减少土壤水分的消耗，土壤水分的有效性高，能及时满足树木对水分的需求，因而灌水量较小。

6. 园林树木用途与需水

园林绿化的灌溉工作因受水源、灌溉设施、人力、财力等因素限制，常常难以对全部树木进行同等的灌溉，而要根据园林树木的用途来确定灌溉的重点。一般灌水的优先对象是观花灌木、珍贵树种、孤植树、古树名木等观赏价值高的树木以及新栽树木。

（二）园林树木灌溉技术

1. 灌水时期

正确的灌水时期对灌溉效果以及水资源的合理利用都有很大影响。理论上讲，科学的灌水是适时灌溉，也就是说在树木最需要水的时候及时灌溉。根据园林生产管理实际，不妨将树木灌水时期分为以下两种类型。

（1）干旱性灌溉　干旱性灌溉是指在发生土壤、大气严重干旱，土壤水分难以满足树木需要时进行的灌水。在我国，这种灌溉大多在久旱无雨、高温的夏季和早春等缺水时节，此时若不及时供水就有可能导致树木死亡。

根据土壤含水量和树木的萎蔫系数确定具体的灌水时间是较可靠的方法。一般认为，当土壤含水量为最大持水量的 $60\% \sim 80\%$ 时，土壤中的空气与水分状况，符合大多数树木生长需要，因此，

当土壤含水量低于最大持水量的 60% 以下，就应根据具体情况，决定是否需要灌水。

所谓萎蔫系数就是因干旱而导致园林树木外观出现明显伤害症状时的树木体内含水量。萎蔫系数因树种和生长环境不同而异，一般可以通过栽培观察试验，很简单地测定各种树木的萎蔫系数，为确定灌水时间提供依据。要注意，不能等到树木已显露出缺水受害症状时才灌溉，而是要在树木从生理上受到缺水影响时就开始灌水。

(2) 管理性灌溉　管理性灌溉是根据园林树木生长发育需要，而在某个特殊时段进行的灌水。例如，在栽植树木时，要浇大量的定根水；在我国北方地区，树木休眠前要灌"冻水"；许多树木在生长期间，要浇花前水、花后水、花芽分化水等。管理性灌溉的时间主要根据树种自身的生长发育规律而定。

灌水的时期应根据树种、气候、土壤及季节等条件而定。具体灌溉时间则因季节而异，夏季应在清晨和傍晚灌溉，此时水温与地温接近，对根系生长影响小；冬季因早晨气温较低，宜在中午前后灌溉。

2. 灌水量

树种、品种、土质、气候、植株大小、生长发育时期等对灌水量都有影响。灌水需要一次灌透灌足，应渗透至土壤 80～100cm 深处，达到土壤最大持水量的 60%～80%。

依据不同土壤的持水量、灌溉前土壤湿度、土壤容重、要求的土壤浸湿深度，可确定灌水量，其计算公式为：

$$灌水量＝灌溉面积×土壤浸湿深度×土壤容重×$$
$$（田间持水量－灌溉前土壤湿度）$$

每次灌溉前需要测定灌溉前土壤湿度，而田间持水量、土壤容重、土壤浸湿深度等可数年测一次。用此公式计算出灌水量后，还可根据树种、品种、生命周期、物候期以及气候、土壤等因素，进行调整，酌情增减，以符合实际需要。

3. 灌水方法

灌水的方法影响灌水效果，正确的灌水方法，有利水分在土壤中均匀分布，充分发挥水效，节约用水量，降低灌水成本，减少土壤冲刷，保持土壤的良好结构。

（1）漫灌　指田间不修沟、畦，水流在地面以漫流方式进行的灌溉（图2-5）。其缺点是浪费水，在干旱的情况下还容易引起次生盐碱化。

（2）分区灌溉　把苗圃地中的树划分成许多长方形或正方形的小区进行灌溉（图2-6）。缺点是土壤表面易板结，破坏土壤结构，费劳力且妨碍机械化操作。

图2-5　漫灌　　　　　　　　　图2-6　分区灌溉

（3）沟灌　一般应用于高床和高垄作业，水从沟内渗入床内或垄中。此法是我国地面灌溉中普遍应用的一种较好的灌水方法（图2-7）。优点是土壤浸润较均匀，水分蒸发量与流失量较小，防止土壤结构破坏，土壤通气良好。

图2-7　沟灌

（4）树盘灌溉　灌溉时，以树干为圆心，在树冠边缘投影处，

用土壤围成圆形树堰，灌水在树堰中缓慢渗入地下（图 2-8）。有人工挑水浇灌与人工水管浇灌两种。灌溉后耙松表土，以减少水分蒸发。

图 2-8　树盘灌溉

（5）喷灌　喷灌是喷洒灌溉的简称。该法便于控制灌溉量，并能防止因灌水过多使土壤产生次生盐渍化，土壤不板结，并能防止水土流失，工作效率高，节省劳力，所以广泛用于园林苗圃、园林草坪、果园等的灌溉。但是喷灌需要的基本建设投资较高（见图 2-9、图 2-10），受风速限制较多，在 3～4 级以上的风力影响下，喷灌不均，因喷水量偏小，所需时间会很长。还有一种微喷，喷头在树下喷，对高大的树体土壤灌溉效果好。

图 2-9　喷灌的喷头

图 2-10　喷灌管的地下布置

微灌又称雾滴喷灌（图 2-11）。它利用低压水泵和管道系统输水，在低压水的作用下，通过特别设计的微型雾化喷头，把水喷射到空中，并散成细小雾滴，洒在植物根部附近的土壤表面或土层中，简称为微喷。微喷既可增加土壤水分，又可提高空气湿度，起到调节小气候的作用。

在现有城市绿地中，不适宜大面积开挖纵横交错的支线管沟，而采用微喷带灌溉（图2-12），在灌溉结束时微喷带可卷拢收起存放，由此可以解决不能开挖管沟的问题，且又不影响景观效果。

图 2-11　微喷　　　　　　　　图 2-12　微喷带

微喷与喷灌的区别如下。

① 微喷具有射程，但射程较近，一般在5m以内。而喷灌则射程较远，以全国PY系列摇臂式喷头为例，射程为9.5～68m。

② 微喷洒水的雾化程度高，也就是雾滴细小，因而对农作物的打击强度小，均匀度好，不会伤害幼苗。而喷灌由于水滴较大，易伤害幼嫩苗木。

③ 微喷所需工作压力低，一般在0.7～3kgf/cm^{2}范围内可以运作良好。而喷灌的工作压力，一般在3kgf/cm^{2}以上才有较显著效果。

④ 微喷省水，一般喷水量为0.2～0.4m^3/h。而全国PY系列喷头的喷水量为1.35～116.54m^3/h。由此可见，微喷比喷灌更为省水节能。

⑤ 微喷头结构简单，造价低廉，安装方便，使用可靠。

汽车喷灌实际上是一座小型的移动式喷灌系统（图2-13），目前，它多由城市洒水车改建而成，在汽车上安装储水箱、水泵、水管及喷头组成一个完整的喷灌系统，灌溉的效果与常规喷灌相似。由于汽车喷灌具有移动灵活的优点，因而常用于城市街道行道树和绿篱的灌水。

图 2-13　汽车喷灌

（6）滴灌　滴灌是将灌水主管道埋在地下，水从管道上升到土壤表面，管上有滴孔，水缓慢滴入土壤中（图 2-14～图 2-16），水的利用率可达 95%。滴灌比喷灌节水效果好，因为灌溉时，水不在空中运动，不打湿叶面，水直接湿润需要灌溉的区域，故水量损耗少。其不足之处是滴头易结垢和堵塞，因此，应对水源进行严格的过滤处理。滴灌可以结合施肥，提高肥效 1 倍以上，系统的主要组成部分包括水泵、化肥罐、过滤器、输水管、灌水管和滴水管等。

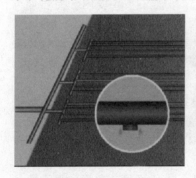

图 2-14　滴灌的滴头　　　　　　　　图 2-15　滴灌管

（7）渗灌　渗灌是一种地下灌水方式，其主要组成部分是地下管道系统。地下管道系统包括输水管道和渗水管道两大部分。输水管道两端分别与水源和渗水管道连接，将灌溉水输送至灌溉地的渗水管道，水通过渗水管道上的小孔渗入土壤中（图 2-17、图 2-18）。

渗灌优点：①灌水后土壤仍保持疏松状态，不破坏土壤结构，不产生土壤表面板结，为作物提供良好的土壤水分状况；②地表土

图 2-16　滴灌

图 2-17　渗灌管布置

图 2-18　渗灌管

壤湿度低，可减少地面蒸发；③管道埋入地下，可减少占地，便于交通和田间作业，可同时进行灌水和农事活动；④省水，灌水效率高；⑤能减少杂草生长和植物病虫害；⑥渗灌系统流量小，压力低，故可减小动力消耗，节约能源。

渗灌缺点：①投资高，施工复杂，且管理维修困难，一旦管道堵塞或破坏，难以检查和修理；②易产生深层渗漏，特别对透水性较强的轻质土壤，更容易产生渗漏损失。

一般树木渗水管埋设深度是 20～60cm；埋设形式有两种，一种是开沟后将渗灌管埋入沟内，然后回填（图 2-19）；另一种更适合多雨地区，即在地表铺设渗灌管，然后堆田埂（图 2-20）。

（三）园林树木的排水

1. 排水的必要性

土壤中水分含量与空气含量互为消长。排水的作用是减少土壤

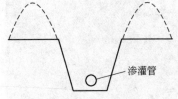

图 2-19　渗灌管沟内埋设

图 2-20　渗灌管地表埋设

中多余的水分，增加土壤中的空气含量，促进土壤空气与大气的交流，提高土壤温度，激发好气性微生物的活动，加快有机质的分解，改善树木营养状况，使土壤的理化性状全面改善。

2. 排水的条件

（1）树木生长在低洼地，当降雨强度大时，汇集大量地表径流，且不能及时渗透，而形成季节性涝湿地。

（2）土壤结构不良，渗水性差，特别是土壤下面有坚实的不透水层，阻止水分下渗，形成过高的假地下水位。

（3）园林绿地临近江河湖海，地下水位高或雨季易遭淹没，形成周期性的土壤过湿。

（4）平原与山地城市，在洪水季节有可能因排水不畅，形成大量积水。

（5）在一些盐碱地区，土壤下层含盐量高，不及时排水洗盐，盐分会随水的上升而到达表层，造成土壤次生盐渍化，对树木生长很不利。

3. 排水方法

园林绿地的排水是一项专业性基础工程，在园林规划及土建施工时就应统筹安排，建好畅通的排水系统。园林树木的排水通常有以下四种方法。

（1）明沟排水　明沟排水是在地面上挖掘明沟，排除径流（图2-21）。它常由小排水沟、支排水沟以及主排水沟等组成一个完整的排水系统，在地势最低处设置总排水沟。这种排水系统的布局多与道路走向一致，各级排水沟的走向最好相互垂直，但在两沟相交处应呈锐角（45°～60°）相交，以利水畅流，防止相交处沟道淤塞，且各级排水沟的纵向比降应大小有别。

（2）暗沟排水　暗沟排水是在地下埋设管道（图2-22），形成地下排水系统，将地下水降到要求的深度。暗沟排水系统与明沟排水系统基本相同，也有干管、支管和排水管之别。暗沟排水的管道多由塑料管、混凝土管或瓦管作成。建设时，各级管道需按水力学要求的指标组合施工，以确保水流畅通，防止淤塞。

图 2-21　明沟排水　　　　　　　图 2-22　暗沟排水

（3）滤水层排水　滤水层排水实际就是一种地下排水方法。它是在低洼积水地以及透水性极差的地方栽种树木，或对一些极不耐水湿的树种，在栽植树木前，就在树木生长的土壤下面填埋一定深度的煤渣、碎石等材料，形成滤水层（图2-23），并在周围设置排水孔，当遇有积水时，就能及时排除。这种排水方法只能小范围使用，起到局部排水的作用。

图 2-23　滤水层排水　　　　　　　图 2-24　地面排水

（4）地面排水　这是目前使用较广泛、经济的一种排水方法。它是通过道路、广场等地面，汇聚雨水，然后集中到排水沟（图2-24），从而避免绿地树木遭受水淹。不过，地面排水方法需要设计者经过精心设计安排，才能达到预期效果。

三、园林树木的营养管理

园林树木生长过程中，需要多种营养元素，正确施肥，才能确保园林树木健康生长，增强树木抗逆性，延缓树木衰老，枝繁叶茂。

（一）科学施肥的依据

1. 根据树木营养状况、种类、用途合理施肥

树体营养状况与施肥有直接关系，应当树体缺什么，就施什么，缺多少，就施多少。根据树体营养诊断（常用叶样分析）结果进行施肥，能使树木的施肥达到合理化、指标化和规范化。

不同树种，需肥量不同。例如，泡桐、杨树、香樟、桂花、月季、茶花等生长快、生长量大，就比柏树、马尾松、油松、小叶黄杨等生长慢、耐瘠树种需肥量要大。开花结果多的大树应较开花、结果少的小树需肥量大，树势衰弱的也应多施肥。

不同的树种施用的肥料种类也不同。酸性花木如杜鹃花、山茶、栀子等，应施酸性肥料；观叶、观形树种需要较多的氮肥；观花、观果树种对磷、钾肥的需求量大；对行道树、庭荫树、绿篱树种施肥，应以饼肥、化肥为主；郊区绿化树种可更多地施用人粪尿和土杂肥。

2. 根据生长发育阶段合理施肥

树木生长旺盛期需肥量大，生长旺盛期以前或以后需肥量相对较小，在休眠期几乎不需肥。营养生长阶段，树木对氮素的需求量大；开花、结果阶段则以磷、钾为主，所以，一年中生长前期主要施氮肥，生长后期要控制氮肥量，增加磷、钾肥的量。

3. 根据土壤条件合理施肥

土壤温度、土壤养分和水分含量、土壤酸碱度、土壤结构等均对树木施肥有很大影响。低温，一方面减慢土壤养分的转化，另一方面削弱树木对养分的吸收功能。在各种元素中，磷是受低温抑制

最大的一种元素。土壤水分含量和酸碱度与肥效直接相关，土壤水分缺乏时，肥料浓度过高，树木不能吸收利用而遭毒害；积水或多雨时又容易使养分被淋洗流失，降低肥料利用率。土壤酸碱度直接影响营养元素的溶解，如铁、硼、锌、铜，在酸性条件下易溶解，有效性高，当土壤呈中性或碱性时，有效性降低。

4. 根据养分性质合理施肥

养分性质不同，影响施肥的时期、方法、施肥量。一些易流失挥发的速效性肥料，如碳酸氢铵、过磷酸钙等，宜在树木需肥期稍前施入，而有机肥，腐烂分解后才能被树木吸收利用，故应提前施入。氮肥在土壤中移动性强，即使浅施也能渗透到根系分布层内，供树木吸收利用，磷、钾肥移动性差，故宜深施，尤其磷肥需施在根系分布层内，才有利于根系吸收。

（二）常用肥料种类和性质

1. 有机肥

园林树木常用的肥料很多，可分为有机肥料和无机肥料。有机肥料如堆肥、厩肥、绿肥、饼肥、腐殖质、人粪尿等，含有多种元素，又称为完全肥料，可以长期缓慢供给植物营养。

（1）人粪尿　人粪尿含有各种植物营养元素、丰富的有机质和微生物，是重要的肥源之一，需腐熟以后使用，腐熟的时间大概在半个月左右，一般用作基肥。

牲畜粪尿同样含有各种植物营养元素、丰富的有机质和微生物，其中的氮不能被植物体直接利用，分解释放速度慢。需要经过长时间的腐熟之后才能使用，大量使用后一般都有良好效果。

（2）饼肥、堆肥　它们含有丰富的植物营养元素，其中饼肥有机质含量可达到87%，氮、磷、钾含量也相对很高。但是绝大部分不能被树木直接吸收利用，一定要经过微生物的分解后才能发挥作用。堆肥是农作物秸秆、落叶、草皮等材料混合堆积，经过一系列转化过程造成的有机肥料。使用堆肥作基肥，可以供给树木生长所需的各种养分，可增加土壤有机质、改良土壤。

（3）泥炭、腐殖质　泥炭有机质含量在40%～70%，含氮量在1%～2.5%，氮、钾含量均不多，pH在6左右，并且含有一定量的铁元素。泥炭当中的养分绝大多数不能被直接利用，但泥炭本

身具有很强的保水保肥能力，肥效差，需要与其他肥料混合施用。森林腐殖质是森林地表面的枯落物层，有分解的和未分解的枯枝落叶未定形有机物，pH 同泥炭，也是酸性肥料。其中的养分不能被树木立即利用，通常用作堆肥的原材料，经过发酵腐熟后作为基肥，可以改良土壤的物理性质。

（4）绿肥　绿肥是绿色植物的茎叶等沤制而成或直接将其翻入地下作为肥料。绿肥所含营养元素全面，绿肥种类很多，如苜蓿、大豆、蚕豆、紫穗槐、胡枝子等，它们的营养元素含量因植物种类而异。

2. 无机肥

由物理或化学工业方法制成，其养分形态为无机盐或化合物，又被称为化学肥料（化肥）、矿质肥料。

（1）氮肥　常见的有硫酸铵、氯化铵、碳酸氢铵、硝酸铵和尿素等。其含氮量各异，都属于速效性肥料。一般都只用作追肥，在苗木生长季节进行根外施肥效果较好。

（2）磷肥　常见的有过磷酸钙、磷矿粉和钙镁磷肥，前者是速效肥料，后两者是缓效肥料，一般与基肥一起混合施用。

（3）钾肥　常见的有硫酸钾和氯化钾，都是生理酸性肥料，适用于碱性或中性土壤，作基肥、追肥均可，但以在春天结合整地作基肥效果最好。

（三）施肥时期

1. 基肥施肥时期

基肥以有机肥为主，是较长时期供给树木多种养分的基础性肥料，如腐殖酸类肥料、堆肥、厩肥、圈肥、粪肥、鱼肥、骨粉及植物枯枝落叶等。基肥一般在树木生长期开始前施用，通常有栽植前施基肥、春季萌芽前施基肥和秋季施基肥。基肥以秋施为好，此时正值根系生长高峰，伤根容易愈合，切断一些小细根，起到根系修剪的作用，可促发新根，有利于来年春季萌芽、开花和新梢早期生长。秋施基肥大多结合土壤深翻进行。

2. 追肥施肥时期

追肥又叫补肥。基肥肥效发挥平稳缓慢，当树木需肥急迫时就必须及时补充肥料，才能满足树木生长发育需要。追肥一般多为速效性无机肥，并根据园林树木一年中各物候期特点来施用。追肥次数和时期与气候、土质、树龄等有关。高温多雨地区或沙质土，肥料易流失，追肥宜少量多次；反之，追肥次数可适当减少。与基肥相比，追肥施用的次数较多，但一次性用肥量却较少，对于观花灌木、庭荫树、行道树以及重点观赏树种，每年可在生长期进行 2～3 次追肥，土壤追肥与根外追肥均可。

（四）施肥量

施肥量过多，树木不能吸收，既造成肥料的浪费，又可能使树木遭受肥害；施肥量不足，达不到施肥目的。施肥量受许多因素的影响，如树种习性、物候期、树体大小、树龄、土壤与气候条件、肥料的种类、施肥时间与方法、管理技术等，难以制定统一的施肥量标准。

关于施肥量指标有许多不同的观点，一些地方，以树木每厘米胸径 0.5kg 的标准作为计算施肥量依据，如胸径 3cm 左右的树木，可施入 1.5kg 有机肥。果树以产量为确定施肥量的依据，丰产园，每产 1kg 果施 1～2kg 有机肥。

一般化肥的施肥量较有机肥要低，而且要求更严格。化肥的土壤施用浓度一般不宜超过 1%～3%，而在进行叶面施肥时，多为 0.1%～0.3%，对一些微量元素，浓度应更低。

随着科学的发展，国内外已开始应用计算机技术、营养诊断技术等先进手段，在对肥料成分、土壤及植株营养状况等给予综合分析判断的基础上，进行数据处理，计算出最佳的施肥量，进行科学施肥。

（五）施肥方法

1. 土壤施肥

土壤施肥就是将肥料直接施入土壤中，通过树木根系吸收，是园林树木主要的施肥方法。

土壤施肥必须根据根系分布特点，将肥料（有机肥）施在吸收根集中分布区域附近，才能被根系吸收利用，充分发挥肥效，并引导根系向外扩展。理论上讲，在正常情况下，树木的多数根集中分布在地下 40～80cm 深的范围内；根系的水平分布范围，多数与树

木的冠幅大小相一致，即主要分布在树冠外围边缘，所以，应在树冠垂直投影边缘附近挖施肥沟或施肥坑。由于许多园林树木常常都经过了造型修剪，树冠冠幅大大缩小，这就给确定施肥范围带来困难。有人建议，在这种情况下，可以将离地面 30cm 高处的树干直径值扩大 10 倍，以此数据为半径、树干为圆心的圆周附近处即为施肥范围。

施肥深度和范围还与树种、树龄、土壤和肥料种类等有关。深根性树种、沙地、坡地、基肥以及移动性差的肥料等，施肥时，宜深不宜浅，相反，可适当浅施；随着树龄增加，施肥时要逐年加深，并扩大施肥范围，以满足树木根系不断扩大的需要。现将生产上常见的土壤施肥方法介绍如下。

(1) 全面施肥　将肥料均匀地撒布于园林树木生长的地面，然后再翻入土中。这种施肥的优点是，方法简单，操作方便，肥效均匀，但因施入较浅，养分流失严重，用肥量大，并诱导根系上浮，降低根系抗性，此法若与其他方法交替使用，则可取长补短，发挥肥料的更大功效。

(2) 沟状施肥　沟状施肥包括环状沟施、放射状沟施和条状沟施（图 2-25～图 2-27），其中以环状沟施较为普遍。环状沟施是在树冠外围稍远处挖环状沟施肥，一般施肥沟宽 30～40cm，深 30～60cm，它具有操作简便、用肥经济的优点，但易伤水平根，多适用于园林孤植树；放射状沟施较环状沟施伤根要少，但施肥部位也

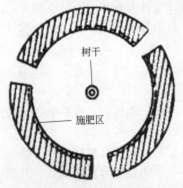

图 2-25　环状沟施

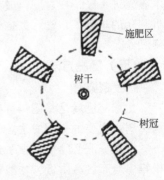

图 2-26　放射状沟施

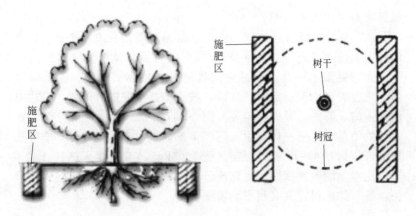

图 2-27 条状沟施

有一定局限性；条状沟施是在树木行间或株间开沟施肥，多适合苗圃里的树木或呈行列式布置的树木。

(3) 穴状施肥 生产上常用环状穴施，即将沟状施肥中的施肥沟变为施肥穴或坑就成了穴状施肥。施肥时，施肥穴同样沿树冠在地面投影线附近分布，施肥穴可为 2～4 圈，呈同心圆环状，内外圈中的施肥穴应交错排列（图 2-28），用挖穴机可提高功效（图 2-29）。因此，该种方法伤根较少，而且肥效较均匀。目前，国外穴状施肥已实现了机械化操作，把配制好的肥料装入特制容器内，依靠空气压缩机，通过钢钻直接将肥料送入到土壤中，供树木根系吸收利用。这种方法快速、省工，对地面破坏小，特别适合城市内

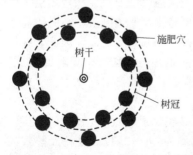

图 2-28 穴状施肥

图 2-29 穴状施肥挖坑机

铺装地面中树木的施肥。

（4）水肥一体化　水肥一体化就是通过灌溉系统来施肥，是借助压力系统（或地形自然落差），将可溶性固体或液体肥料配兑成的肥液与灌溉水一起，通过可控管道系统供水、供肥。水肥相融后，通过管道均匀、定时、定量，按比例直接提供给植物。包括淋施、浇施、喷施、管道施用等（图 2-30）。生产上也有用打药设备改装的简易的水肥一体化设备（图 2-31、图 2-32），用追肥枪打孔施肥，每树打 4～16 孔，每亩追肥 1000kg，3 亩地半天施完。

优点：肥效发挥快，提高养分利用率，可以避免肥料的挥发损失，既节约肥料，又有利于环境保护。

图 2-30　果园水肥一体化　　图 2-31　追肥枪追肥（简易水肥一体化）

2. 根外施肥

（1）叶面施肥　叶面施肥实际上就是将配制好的一定浓度的肥料溶液，直接喷雾到树木的叶面上，再通过叶面气孔和角质层吸收后，转移运输到树体各个器官。叶面施肥具有用肥量小，吸收见效快，避免营养元素在土壤中的化学或生物固定等优点，因此，在缺水季节或缺水地区以及不便土壤施肥的地方，均可采用叶面施肥，同时，该方法还特别适合于微量元素的施用以及对树体高大、根系吸收能力衰竭的古树、大树的施肥。

叶面施肥的效果与叶龄、叶面结构、肥料性质、气温、湿度、风速等密切相关。叶面施肥最适温度为 18～25℃，湿度大些效果好，因而夏季最好在上午 10 时以前和下午 4 时以后喷雾。喷施时

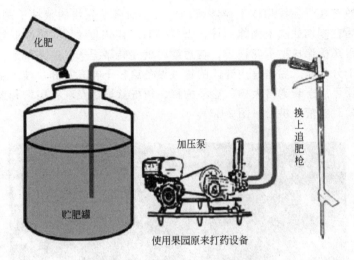

图 2-32 简易水肥一体化示意图

注意对树叶正反两面进行喷雾。

叶面施肥多作追肥施用，生产上常与病虫害的防治结合进行，因而喷雾液的浓度至关重要（表 2-1）。在没有足够把握的情况下，应宁淡勿浓。喷布前需做小型试验，确定不能引起药害，方可再大面积喷布。

表 2-1 叶面喷肥浓度

肥料种类	喷施浓度/%	肥料种类	喷施浓度/%
尿素	0.3～0.5	柠檬酸钾	0.05～0.1
硫酸铵	0.3	硫酸亚铁	0.05～0.1
硝酸铵	0.3	硫酸锌	0.05～0.1
过磷酸钙	0.5～1.0	硫酸锰	0.05～0.1
草木灰	1.0～3.0	硫酸铜	0.01～0.02
硫酸钾	0.5	硫酸镁	0.05～0.1
磷酸二氢钾	0.2～0.3	硼酸、硼砂	0.05～0.1

（2）枝干施肥　枝干施肥就是通过树木枝、茎的韧皮部来吸收肥料营养，其吸肥的机制和效果与叶面施肥基本相似。枝干施肥又

大致有枝干涂抹和枝干输液两种方法。前者是先将树木枝干刻伤，然后在刻伤处加上固体药棉，例如，有人用浓度1％的硫酸亚铁加尿素药棉涂抹栀子花枝干，在短期内就扭转了栀子花的缺绿症，效果十分明显。后者是用专门的输液设备给枝干补充营养，枝干施肥主要可用于衰老古大树、珍稀树种、树桩盆景以及观花树木和大树移栽时的营养供给（图2-33）。

图 2-33　枝干输液施肥

『经验推广』

施肥注意事项：

① 有机肥料要充分发酵、腐熟，应施到根系集中分布区；

② 土壤施肥后（尤其是追肥）必须及时适量灌水；

③ 叶面喷肥最好于傍晚喷施。

第三节　园林树木的整形修剪

修剪是指对树木的某些器官（枝、芽、叶、花、果等）进行部分疏删和剪截等操作。整形是通过修剪技术，使树冠的骨架形成一定的排列形式和合理的树体结构，把树冠的外形剪成一定的样式。

修剪又是在整形的基础上而实行的，整形与修剪是紧密相关、不可截然分开的完整栽培技术，是统一于栽培目的之下的有效管护措施。

一、整形修剪的意义与原则

（一）整形修剪的意义

根据园林树木的生长与发育特征、生长环境和栽培目的的不同，对树木进行适当的整形修剪，具有调节植株长势、防止徒长、延缓衰老、促进开花结果等作用。整形修剪的意义主要包括以下几点。

① 调控树体结构，增强景观效果，避免安全隐患；

② 调节生长与结实、衰老与更新的关系；

③ 调节养分和水分的运转与分配；

④ 改善通风透光，合理配备枝叶。

（二）整形修剪的原则

1. 遵循树木生长发育习性

园林树木种类繁多，各树种间有着不同的生长发育习性，要求采用相应的整形修剪方式。首先应根据树木的分枝特性、萌芽力和成枝力、开花习性来进行。如桂花发枝力强，可整成圆球形或半球形树冠（图2-34）；对于国槐、悬铃木等大型乔木树种，则主要采用自然式树冠。对于蔷薇科李属的桃、梅、杏等喜光树种，常采用自然开心形（图2-35）。

2. 依据树龄及生长发育时期

为使幼树尽快形成良好的树体结构，应对各级骨干枝适度短截，促进营养生长；为使幼年树提早开花，促进骨干枝以外的其他枝条形成花芽；对成年期树木整形修剪的目的在于调节生长与开花结果的矛盾，保持健壮完美的树形，稳定丰花硕果的状态，延缓衰老阶段的到来。衰老期树木以重短截为主，促更新，恢复长势。

3. 服从景观配置要求

不同的景观配置要求有对应的整形修剪方式。如悬铃木，作行道树栽植一般修剪成杯状形（图2-36），作庭荫树则采用自然式整

图 2-34　桂花半球形　　　　　　图 2-35　碧桃自然开心形

形（图 2-37）。桧柏作孤植树配置应尽量保持自然树冠（图 2-38），作绿篱树栽植则一般进行强度修剪，形成规则式（图 2-39）。

图 2-36　悬铃木行道树（杯状形）　　图 2-37　悬铃木庭荫树（自然形）

4. 考虑栽培地的生态环境条件

　　园林树木的生长发育不可避免地受生态环境的影响。在生长发育过程中，树木总是不断地协调自身各部分的生长平衡，以适应外部生态环境的变化。例如，孤植树生长空间较大，光照条件良好，因而树冠丰满、冠高比大（图 2-40）；而作行道树的树木树冠狭长、冠高比小（图 2-41）。因此，整形修剪时要充分考虑到树木的生长空间及光照条件，生长空间充裕时，可适当开张枝干角度，最大限度地扩大树冠；生长空间狭小，则适当控制树木体量，以防过分拥挤，有碍生长、观赏。对于生长在风力较大环境中的树木，除

图 2-38　圆柏孤植树
（自然形）

图 2-39　圆柏绿篱（圆球形）

图 2-40　广玉兰孤植

图 2-41　广玉兰作行道树

采用低干矮冠的整形方式外，还要适当疏剪枝条，使树体形成透风结构，增强其抗风能力。

同一树种配置区域的立地环境不同，也应采用各异的整形修剪方式。如在坡形绿地或草坪上种植榆叶梅时，可整为丛生形（图 2-42）；在常绿树丛前面和园路两旁配置时，则以独干形为好（图 2-43）。

5. 因枝修剪，随树造型

不同的园林树木，不能用一种整形模式，对于不同类型或不同姿态的枝条更不能强求用一种方法进行修剪，应因树因枝而异。同

图 2-42　丛生形（榆叶梅）

图 2-43　独干形（榆叶梅）

一种树在相同环境条件下生长，生长发育也不同，因此，整形修剪要"有形不死、无形不乱，因地制宜，因树修剪，随枝作形，顺其自然，加以控制，便于管理"。

二、枝、芽的种类

（一）芽的种类

芽是枝条、叶或花的雏形。依照芽着生的位置、性质、构造和生理状态等标准，可分为不同类型。

1. 按照芽的着生部位分类

（1）顶芽　着生在枝条或茎顶端的芽（图 2-44）。

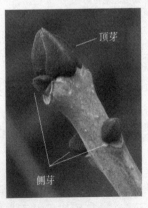
图 2-44　顶芽和侧芽

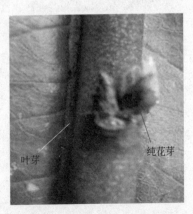
图 2-45　叶芽和纯花芽

（2）侧芽　着生在叶腋的芽（图 2-44）。

2. 按照芽的性质分类

（1）叶芽　萌发后只形成叶和枝条的芽（图 2-45、图 2-46）。

（2）纯花芽　萌发后只形成花的芽（图 2-45、图 2-46）。

（3）混合芽　萌发后既生枝叶而且又有花的芽（图 2-47）。

（4）盲芽　春、秋两季之间顶芽暂时停止生长时所留下的痕迹。

图 2-46　纯花芽

图 2-47　混合芽

3. 按照芽的萌发情况分类

（1）活动芽　在当年或翌年春季萌发成枝、花的芽。植株上多数芽都是活动芽。

（2）潜伏芽　在生长季节不生长，不发展，保持休眠状态的芽，也叫隐芽或休眠芽。

不同树木潜伏芽寿命不同，比如花桃潜伏芽 1 年后大部分失去发芽力，而悬铃木、梅、柿等可生存数十年。通过回缩修剪，潜伏芽可萌发形成新枝，恢复衰老树木的长势。

（二）枝的种类

枝由芽萌发形成，着生有芽、叶、花、果等。枝的逐年生长、扩大构成了园林树木的基本骨架。一棵正常的园林树木，可分为地上部分和地下部分，地上部分是观赏的主要部位，由主干、中央领导干（中心干）、主枝、侧枝等构成；"地下部分"指树体的根系（图 2-48）。

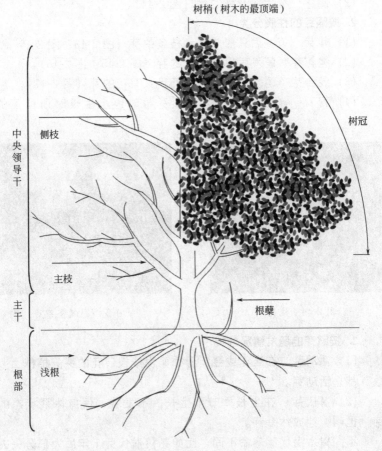

图 2-48　园林树木的组成结构图

1. 按照枝的年龄分类

（1）新梢　由叶芽萌发长成的带叶枝条。

（2）一年生枝　新梢落叶后到第二年发芽前的枝条（图2-49）。

（3）二年生枝　一年生枝落叶后到次年发芽前的枝条（图2-49）。

（4）多年生枝　枝条年龄在 2 年生以上的枝为多年生枝（图2-49）。

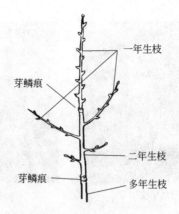

图 2-49　不同年龄的枝条

2. 按照枝的功能分类

（1）发育枝　一年生枝条侧芽和顶芽都是叶芽的叫发育枝，也叫营养枝（图 2-50）。发育枝是培养骨干枝和各类枝组的基础。着生在先端的发育枝，可使各级枝继续延长生长，所以叫做延长枝；着生在中、下部的发育枝为侧生枝，可以培养成侧枝和各类枝组。

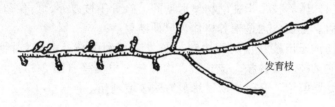

图 2-50　发育枝

（2）结果枝　直接着生花或花芽并能开花结果的枝（图 2-51）。

（3）骨干枝　构成树体地上部分的基本骨架。骨干枝的多少、长短、着生状态，决定树冠的大小和形状。骨干枝又分为主干、中心干、主枝、侧枝（图 2-48）。

① 主干：园林树木近地面起到第一主枝以下的部分。

② 中心干：第一主枝以上直立生长的部分。换句话说，就是主干以上到树顶之间的部分。也叫中央领导干。

③ 主枝：着生在主干上的比较粗壮的枝条，它构成了树形的

(a) 苹果结果枝

(b) 枣结果枝

图 2-51

骨架。主干上最靠近地面的为第一主枝，从下往上依次为第二、第三主枝。

④ 侧枝：着生在主枝上的主要分枝。最靠近主枝基部的为第一侧枝，依次而上为第二、第三侧枝，一般第二侧枝在第一侧枝对面，第三侧枝在第二侧枝对面。

（4）辅养枝　指在幼树整形期间，除骨干枝以外，所保留枝条的总称。主要作用是辅养树体，早期结果。

（5）无用枝　指树冠内对生长发育不利的枝，主要包括病虫枝、交叉枝、重叠枝、徒长枝、内膛枝、根蘖等（图 2-52）。无用枝应尽早剪除，有时也通过修剪方法改造利用。

三、枝、芽的特性

1. 顶端优势

顶端优势指活跃的顶端分生组织（顶芽或顶端的腋芽）抑制其下部侧芽发育的现象（图 2-53）。主要表现为枝条顶端的芽或枝条，萌芽力和生长势最强，向下依次减弱。枝条越直立，顶端优势表现越明显；水平或下垂的枝条，由于极性的变化顶端优势减弱。顶端优势强的园林树木长得高大，顶端优势弱的园林树木长得矮小，乔木顶端优势强，灌木顶端优势弱。

顶端优势与整形密切相关，如毛白杨为培育直立高大的树冠，

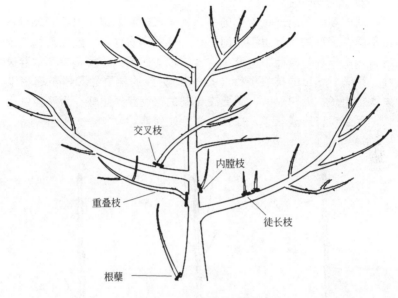

图 2-52　各种无用枝

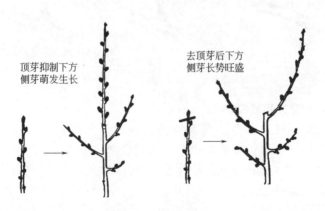

图 2-53　顶端优势

苗木培育时要保持其顶端优势，不短截主干；而桃树常培养成开心形，要控制顶端优势，所以苗期整形时要短截主干，促进分枝生长。

2. 芽的异质性

同一枝条不同部位着生的芽，由于形成和发育时内在和外界条件不同，使芽的质量也不相同，称为芽的异质性。一般在新梢下部的芽，由于条件差而相对瘦小，发枝较弱甚至不萌发，中部的芽健壮、饱满，发出的枝条粗壮（图 2-54）。芽的异质性和修剪有密切关系，为了扩大树冠时，需要在枝条的饱满芽处短截，为了控制生长，促生短枝形成花芽，往往在弱芽处剪截。

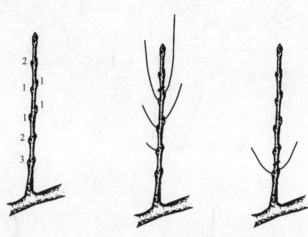

图 2-54　芽的异质性
1—饱满芽；2—半饱满芽；3—瘦弱芽

3. 萌芽力和成枝力

一年生枝条上芽的萌发能力，叫做萌芽力。短截一年生枝后，剪口下发出长枝的多少，叫做成枝力（图 2-55）。萌芽力和成枝力因树种、品种不同而有差异，也和树龄、栽培条件密切相关。幼树成枝力强，萌芽力弱，随着树龄增长，成枝力逐渐减弱，萌芽力逐渐增强；土壤瘠薄、肥水不足，成枝力较弱，反之，成枝力就强。在整形修剪时，对萌芽力和成枝力强的品种，要适当多疏枝，少短截，防止树冠郁闭，而对于萌芽力强而成枝力弱的品种，则易形成中、短枝，树冠内长枝较少，应注意适当短截，促其发枝。

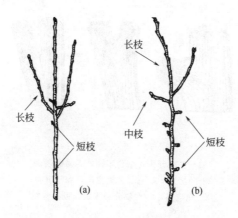

图 2-55　萌芽力和成枝力

(a) 萌芽力弱，成枝力强；(b) 萌芽力强，成枝力弱

4. 枝条开张角度

枝条开张角度指枝条与中心干（或地面垂直线）的夹角（图 2-56）。角度过小，枝条易劈裂（图 2-57），树冠郁闭，光照不良，树体长势强，成花难。角度大，树冠开张，冠内光线好，营养生长缓和，有利于成花结果。但角度过大，生长优势转为背上，先端易衰老。生产中常依靠角度调整，控制树冠大小，平衡生长势。

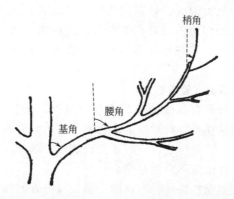

图 2-56　主枝开张角度

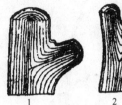

图 2-57　开张角度大小

1—角度开张，结合牢固，不易劈裂；

2—角度狭小，有部分夹皮层，容易劈裂；

3—角度过小，大部分夹皮层，极易劈裂

四、修剪的基本方法

（一）修剪时期

1. 休眠期修剪（冬季修剪）

大多落叶树种的修剪，宜在树体落叶休眠到春季萌芽前进行，习称冬季修剪。此期内树木生理活动滞缓，枝叶营养大部回归主干、根部，修剪造成的营养损失最少，伤口不易感染，对树木生长影响较小。

修剪的具体时间，要根据当地冬季的具体温度特点而定，如在冬季严寒的北方地区，修剪后伤口易受冻害，故以早春修剪为宜，一般在春季树液流动前约 2 个月的时间内进行；而一些需保护越冬的花灌木，应在秋季落叶后立即重剪，然后埋土或包裹树干防寒。

2. 生长季修剪（夏季修剪）

生长季修剪可在春季萌芽后至秋季落叶后的整个生长季内进行，主要时期是夏季，常常称夏季修剪。此期修剪的主要目的是改善树冠的通风、透光性能，一般采用轻剪法，以免因剪除枝叶量过大而对树体生长造成不良的影响。

对于发枝力强的树种，应疏除冬剪截口附近的过量新梢，以免干扰树形；嫁接后的树木，应加强抹芽、除蘖等修剪措施，保护接穗的健壮生长。对于夏季开花的树种，应在花后及时修剪，避免养分消耗，并促来年开花；一年内多次抽梢开花的树木，如花后及时剪去花枝，可促使新梢的抽发，再现花期。观叶、赏形的树木，夏剪可随时去除扰乱树形的枝条；绿篱采用生长期修剪，可保持树形的整齐美观；常绿树种的修剪，因冬季修剪伤口易受冻害而不易愈合，故宜在春季气温开始上升、枝叶开始萌发后进行。根据常绿树种在一年中的生长规律，可采取不同的修剪时间及强度。

（二）冬季主要修剪方法

1. 短截（截）

短截即剪去一年生枝的一部分，可刺激剪口下方的侧芽萌发成枝。一般根据一年生枝条剪去部分多少，可分为轻截、中截、重截、极重截（图 2-58）。

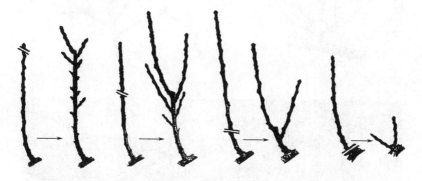

图 2-58　短截及其作用

（1）轻截　一般是截去枝条长度的 1/5～1/4。截后易形成较多的中、短枝，单枝生长较弱，能缓和树势，利于成花。

（2）中截　截去枝条长度的 1/3～1/2（截在枝条中部的饱满芽处）。截后形成的长枝多，生长势强，母枝加粗生长快，可促进枝条生长，加速扩大树冠。一般多用于延长枝头和培养骨干枝、大型枝组或复壮枝势。

（3）重截　截去枝条长度的 2/3～3/4。虽然剪截较重，因芽少质差，发枝不旺，通常能发出 1～2 个中枝，一般用于缩小枝体，培养枝组。

（4）极重截　在枝条基部仅保留 1～2 个瘪芽。截后萌发出

1~2个弱枝，一般多用于处理竞争枝或降低枝位。

2. 回缩（缩剪）

回缩即剪除多年生枝的一部分（图 2-59）。其修剪量大，刺激较重，有更新复壮作用，多用于枝组或骨干枝更新，控制树冠等（图 2-60、图 2-61）。

图 2-59　回缩

图 2-60　大树回缩更新复壮（箭头指回缩部位）

『经验推广』

短截有利于发枝，增加枝量，促进营养生长，扩大树冠。

回缩有利于衰老枝更新复壮，回缩修剪的位置必须找一个合适的分枝处。

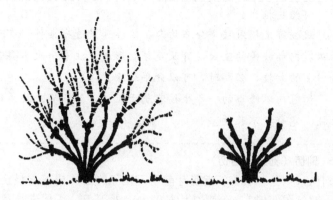

图 2-61　回缩控制树冠

3. 疏枝（疏）

疏枝（疏）是将枝条从基部剪去，包括一年生枝和多年生枝。一般用于疏除树冠内的无用枝（图 2-50）。疏除强枝、大枝和多年生枝，会削弱伤口以上枝条的生长势，增强伤口以下枝条的生长势。

4. 长放（放、缓放、甩放）

长放即对枝条不做任何处理。长放是利用单枝生长势逐年减弱的特性，保留大量枝叶，避免修剪刺激而旺长，利于营养物质积累，形成花芽（图 2-62）。

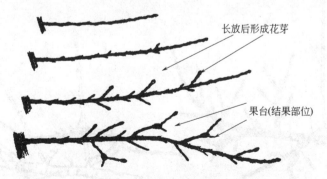

图 2-62　长放的修剪反应

『经验推广』

疏枝可使树冠枝条分布均匀，改善通风透光条件，有利于树冠内部枝条的生长发育及花芽的形成。注意一次不要疏除过多的大枝，必要时，可以分年疏除。

树冠内不修剪的一年生枝都属于长放，注意直立枝、徒长枝、竞争枝不长放。

5. 刻伤（刻芽、目伤）

刻伤（刻芽、目伤）指萌芽前用刀在芽的上方或下方横切，深达木质部（图 2-63）。在芽的上方 0.5cm 处下刀，可促进该芽的萌发；在芽的下方 0.5cm 处下刀，可抑制该芽的萌发。

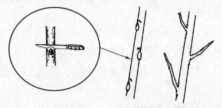

图 2-63　刻伤促发枝

6. 改变枝条生长方向

修剪时常用曲枝、盘枝、别枝和撑、拉、坠等方法改变枝条的

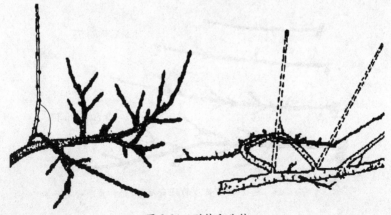

图 2-64　别枝和曲枝

角度和方向，开张角度，改善通风透光条件，缓和枝条生长势，增加短枝（图 2-64、图 2-65）。这些修剪方法可在冬季进行，也可在生长季进行。

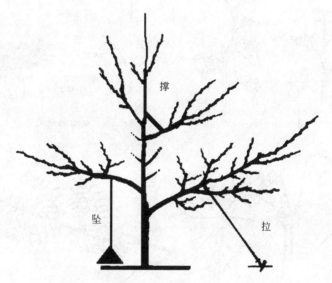

图 2-65　撑、拉、坠

（三）生长季主要修剪方法

1. 摘心、剪梢

摘除新梢顶端的生长点为摘心，剪去新梢顶端 20～30cm 为剪梢。摘心和剪梢可延缓、抑制新梢生长，抑制顶端优势，促进侧芽萌发生长。生长季节可多次进行（图 2-66、图 2-67）。

2. 抹芽和疏梢

抹芽即新梢长到 5～10cm 时，把多余的新梢、隐芽萌发的新梢及过密、过弱的新梢从基部掰掉。新梢长到 10cm 以上后去掉为疏梢（抹梢）。没有用的新梢越早去掉越好（图 2-68）。

3. 环剥

环剥是将枝干的韧皮部剥去一环。环剥可促进剥口下发枝，抑制剥口上营养生长，促进剥口上成花，提高坐果率，延长观赏期（图 2-69）。

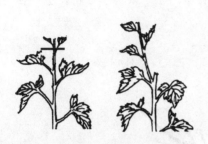

图 2-66 摘心

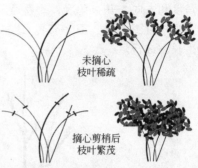

未摘心
枝叶稀疏

摘心剪梢后
枝叶繁茂

图 2-67 摘心的效果示意

图 2-68 抹芽（左）和疏梢（右）

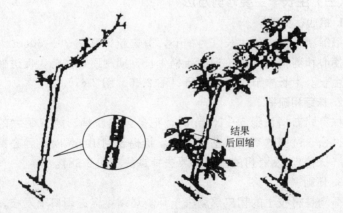

结果
后回缩

图 2-69 环剥的修剪反应

4. 扭梢、拿枝、转枝

（1）扭梢　是将枝条扭转180°，使向上生长的枝条转向下生长（图2-70）。

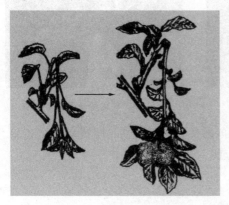

图2-70　扭梢

（2）拿枝　是在生长季枝条半木质化时，用手将直立生长的枝条改变成水平生长，操作时拇指在枝条上，其余4指在枝条下方，从枝条基部10cm处开始用力弯压1～2下，将枝条木质部损伤，用力时听见木质部响，但不折断，从枝条基部逐渐向上弯压，注意用力的轻重（图2-71）。

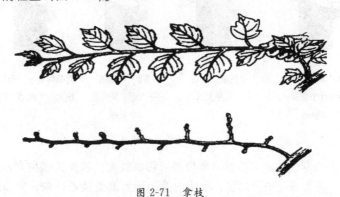

图2-71　拿枝

（3）转枝　是用双手将半木质化的新梢拧转造伤（图2-72、图2-73）。

图 2-72 转枝

图 2-73 苹果转枝后成花结果

扭梢、转枝和拿枝的作用都是将枝梢损伤，阻碍养分的运输，缓和长势，促进中短枝的形成。

（四）修剪的注意事项

1. 剪口和剪口芽

剪口指疏截修剪所造成的伤口。剪口一般在芽的上方或枝条基部。剪口芽是指距离剪口最近的芽。剪口略高于芽 0.5～1.0cm，不可留桩或距芽体太近（图 2-74）。剪口要平滑，与剪口芽呈 45°的斜面，使剪口伤面小，有利愈合，且芽萌发后生长快。

正确
剪截角度合适，
距离叶节或芽
5～10mm

错误
剪截口上端
距芽太远

错误
剪截口上端距
芽太近，芽可能
会死掉

错误
剪截角度小，伤口面
积大，可能造成病菌
入侵

图 2-74 枝条剪截的位置

剪口芽的方向与质量对修剪整形影响较大，若为扩张树冠，应留外芽；若为填补树冠内膛，应留内芽；若为改变枝条方向，剪口芽应朝所需发枝处；若为控制枝条生长，应留弱芽；反之，应留壮芽。

2. 大枝的疏除

在疏除直径 10cm 以上较为粗大的枝干时，如果不注意或不小心很容易撕裂树干，造成大的伤口，影响美观，应注意采取"三段式锯除法"。

采用"三段式锯除法"时，首先在要在枝干下方距主干约13cm处锯一切口，深度约为1/3；第二步，在枝干上方距第一个切口约8cm处下锯，直到枝干脱落；第三步，贴近主干约2cm处，锯除剩余部分（图2-75）。

锯除时应注意，因枝干比较沉重，如果对下方的其他枝条或人身及财物有危害，必须用绳索捆住枝干进行保护性作业；凡是枝剪和园艺锯造成伤口部位不平滑时，都要用刀削平，以减少病菌侵入的机会和促进伤口部位愈合（图2-76）。

图 2-75 三段式锯除法

图 2-76 愈合良好的伤口

图 2-77 涂保护剂保护伤口

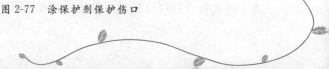

3. 剪、锯口的保护

修剪时应注意尽量减小剪口创伤的面积，使创面保持平滑、干净。若创伤面积较大，可用利刀削平创面后，用2‰硫酸铜溶液消毒，再涂保护剂，可以防止伤口由于日晒雨淋、病菌入侵而腐烂（图2-77）。也可用新型伤口保护剂如愈伤涂膜剂、愈伤膏等，具有消毒和保护双重功能。

4. 病虫枝的处理

修剪病枝后，修剪工具应用硫酸铜溶液浸泡消毒后再使用，防止交叉感染。修剪下来的病虫枝条应集中焚烧（图2-78），其他枝条清理运走。

图 2-78 病虫枝的处理

五、园林树木的整形方式

整形工作的原则就是保持平衡的树势和维持树冠上各级枝条之间的从属关系。园林植物的整形方法因栽培目的、配置方式和环境状况不同而有很大的不同，在实际应用中常见的整形形式可分为自然式、人工式和混合式三种。

（一）自然式整形

这种树形是由于各种植物的分枝方式、生长发育状况不同，形成了各式各样的树冠形式，在植物的整形修剪过程中按照植物自身特点，稍加人工调整和干预而形成的自然树形（图 2-79）。自然式整形与人工式整形有明显的区别（图 2-80），能充分体现园林的自然美，是园林树木广泛采用的整形方式。常见园林植物自然式树形有尖塔形、圆柱形、圆锥形、椭圆形、垂枝形、伞形、匍匐形、圆球形等。

图 2-79 自然式圆头形　　　　　　图 2-80 人工式圆头形

（1）尖塔形　单轴分枝的植物形成的冠形之一，其顶端优势强，中心主干明显，如雪松、南洋杉、大叶竹柏和落羽杉等（图 2-81）。

雪松　　　　　　　　南洋杉　　　　　　　　落羽杉

图 2-81 尖塔形

（2）圆锥形　是介于尖塔形和圆柱形之间的树形，为单轴分枝形成的一种冠形，如桧柏、银桦、美洲白蜡等（图2-82）。

桧柏　　　　　　　蜀桧

图 2-82　圆锥形

（3）圆柱形和椭圆形　主干明显，主枝长度上下相差较小，从而形成上下几乎同粗的圆柱形或下部稍小的椭圆形树冠（图2-83）。

七叶树　　　　　　龙柏　　　　　　杨树

图 2-83　圆柱形和椭圆形

（4）垂枝形　有一段明显的主干，但所有的枝条却似长丝垂悬，如垂柳、垂枝榆、龙爪槐、垂枝桃等（图 2-84）。

垂柳　　　　　　　　　　　　　　垂枝桃

图 2-84　垂枝形

（5）伞形　一般也是合轴分枝形成的冠形，如合欢、鸡爪槭。只有主干、没有分枝的大王椰子、国王椰、假槟榔、棕榈等也属于此树形（图 2-85）。

合欢　　　　　　　　　　　　　　棕榈

图 2-85　伞形

（6）匍匐形　枝条匍地生长，如铺地柏、偃松等（图 2-86）。

（7）圆球形　合轴分枝形成的冠形，如樱花、馒头柳、元宝枫、蝴蝶果等（图 2-87）。

（8）丛生形　主干不明显，多个主枝从基部萌蘖而成（图 2-88）。

（二）人工式整形

根据园林树木观赏的需要，将植物树冠强制修剪成各种特定的

铺地柏　　　　　　　　　　偃松

图 2-86　匍匐形

馒头柳　　　　　　　　　　元宝枫

图 2-87　圆球形

连翘　　　　　　　丁香　　　　　　　榆叶梅

图 2-88　丛生形

几何或非几何形式，称为人工式整形（或规则式整形）。适合人工
式整形的园林树木一般都是耐修剪、萌芽力和成枝力都很强的
种类。

1. 几何形体的整形方式

按照几何形体的构成标准进行整形修剪，如球形、半球形、蘑
菇形、圆锥形、圆柱形、正方体、长方体、葫芦形、城堡式等（图
2-89）。

图 2-89　几何形体的整形方式

2. 非几何形体的整形方式

（1）附壁式　在庭院及建筑物附近为达到垂直绿化墙壁的目的
而进行的整形（图 2-90）。在欧洲的古典式庭院中常可见到此种
形式。

图 2-90　垣壁式整形方式

(2) 雕塑式 根据设计师的意图，创造出各种各样的形体，但应注意植物的形体要与四周景物协调，线条简单，轮廓鲜明简练。修建时应事先做好轮廓样式，借助于棕绳、铁丝等实现。造型有龙、马、凤、狮、鹤、鹿、鸡等 (图 2-91)。

图 2-91 雕塑式整形方式

(3) 建筑物形式 如亭、楼、台等 (图 2-92)。

图 2-92 建筑物形式

(4) 盆景式造型树 树桩盆景根据所用数目的种类和特性，以及设计制作的特点而分为直干式、卧干式、斜干式、曲干式、悬崖式、附石式、垂枝式等形式。

① 直干式：主干直立或基本直立，这类树干让其长到一定高度进行摘心，达到层次分明、疏密有致的效果，通常有单干、双干、三干和多干之分 (图 2-93)。

② 卧干式和斜干式：主干横卧或倾斜，树冠偏于一侧，全株呈平睡之态，姿态独特，具有古朴优雅的风度 (图 2-94、图2-95)。

女贞 罗汉权

图 2-93 直干式

图 2-94 卧干式（罗汉松）

图 2-95 斜干式（黑松）

常见的如梅桩的疏影横斜。

③ 曲干式：主干屈曲，树形富于变化，常见的如"三曲式"，形如"之"字（图 2-96）。

④ 悬崖式：主干倾于盆外，树冠下垂如悬状，其中根据主干倒悬的程度，又有大悬崖、小悬崖、半悬崖之分（图 2-97）。

⑤ 附石式：树木种在石头上，使其扎于石缝中，以模仿岩生植物（图 2-98）。

图 2-96　曲干式（红花檵木）　　　　图 2-97　悬崖式（黑松）

⑥ 垂枝式：适用于枝条多且长的树种，如迎春、垂柳、垂枝桃等，利用其自然下垂的枝条适当进行加工（图 2-99）。

三角枫

紫藤

图 2-98　附石式　　　　　　　　　图 2-99　垂枝式

（三）混合式整形

1. 中央领导干形

有一强大的中央领导干，上面配列稀疏的主枝，主枝可分层，也可不分层，分层的树形也叫疏散分层形。此树形，中央领导枝的生长优势较强，能向外扩大树冠，主枝分布均匀，通风透光好，适用于干性较强的树种，能形成高大的树冠，最适合作行道树和庭荫树，如银杏、白玉兰、香樟、苹果等乔木（图 2-100）。

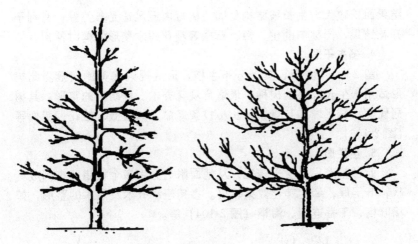

图 2-100 中央领导干形（右图也叫疏散分层形）

2. 杯状形

没有中心干，在主干一定高度留三主枝，在各主枝上又留两个一级侧枝，在各一级侧枝上又再保留两个二级侧枝，以此类推，即形成"三股、六叉、十二枝"（图 2-101）。这种整形方法，多用于干性较弱的树种，如桃树、杏树、悬铃木等。

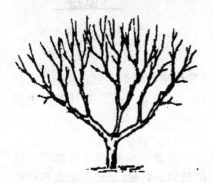

图 2-101 杯状形

图 2-102 开心形

3. 自然开心形

它是由杯状形改进而来，没有中心主干，分枝较低，三个主枝错落分布，每主枝上有 2～3 个侧枝（图 2-102）。这种树形的开花

结果面积较大，生长枝结构稳固，树冠内通风透光条件好，有利于开花结果，园林中的桃、梅、石榴等观花树木整形修剪时常用。

4. 多主干形

留 2～4 个主干，其上分布主枝，形成规则优美的树冠。此树形适用于生长旺盛的树种，最适合观花乔木、庭荫树的整形。其树冠优美，并可增加花量，延长小枝条寿命，如紫薇、桂花、腊梅等（图 2-103）。

5. 丛生形

此种整形只是主干较短，从地面附近分生多个枝错落排列成丛状，叶层厚，绿化美化效果较好。多用于小乔木及灌木的整形，如榆叶梅、丁香连翘、海桐（图 2-104）等。

图 2-103　多主干形　　　　　　图 2-104　丛生形

6. 垂枝形

有一明显主干，所有侧枝均下弯倒垂，逐年由上方芽继续向外延伸扩大树冠，形成伞形（图 2-105），如龙爪槐、垂枝樱、垂枝榆、垂枝梅和垂枝桃等。

7. 棚架形

这种整形主要应用于园林绿地中的蔓生植物。凡有卷须（葡萄）、吸盘（薜荔）或具缠绕习性的植物（紫藤），均可依靠各种形式的棚架、廊亭等支架攀缘生长（图 2-106）。

在园林绿地中以自然式应用最多，既省人力、物力又易成功。其次为自然与人工混合式整形，这是以花朵硕大、繁密或果多肥美等为目的而进行的整形方式，比较费工，亦需适当配合其他栽培技

图 2-105　垂枝形

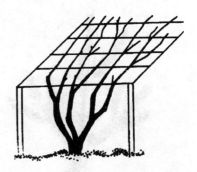

图 2-106　棚架形

术措施。人工式整形很费工，需有技术较熟练的人员，只在特殊美化时应用。

六、不同类型树木的整形修剪

（一）常绿针叶树种整形修剪

如雪松、圆柏、南洋杉等树体自然形状观赏效果好，整形修剪要保持顶枝直立生长的优势，同时对枯枝、病弱枝及少量扰乱树形的枝条作疏剪处理即可（图 2-107）。当针叶树顶芽受伤而缺失顶枝时，可以利用侧枝扶正后代替顶枝（图 2-108）。

常绿树生长季要及时剪除老弱枝，促使新梢生长（图 2-109）。

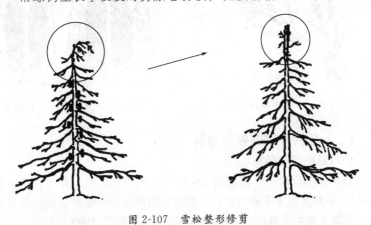

图 2-107　雪松整形修剪

方法一　　　　　　　　　　　　方法二

图 2-108　侧枝代替顶枝固定方法

尖塔形常绿树修剪时要注意修剪强度，如圆柏属，可修剪去除树冠外围 20％的枝条，但不可剪至致死区（图 2-110 中的黑色区）。

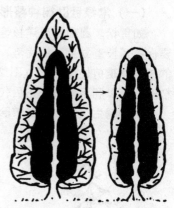

图 2-109　老弱枝条的修剪　　　　　　图 2-110　常绿树的修剪强度

（二）落叶乔木的整形修剪

1. 行道树和庭荫树

修剪整形行道树干高超过 2m 的一些树种、品种（如毛白杨、银杏等），需要苗木主干通直生长。大苗培育期主干不短截，保持直立生长，逐年去除主干基部的分枝，保持顶芽优势即可（图2-111）。

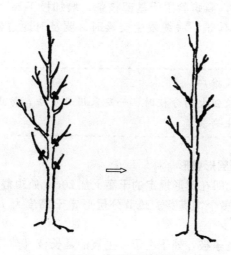

图 2-111　行道树的整形

　　庭荫树在树冠最下部选留 5～6 个主枝，各层主枝间距要适当，以形成冠大荫浓的景观效果。整形过程还要注意调节主枝的辐射角度（图 2-112）。

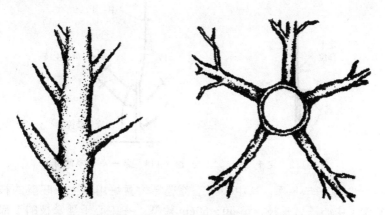

图 2-112　庭荫树的主枝枝距和辐射角度（右为顶视图）

　　作为行道树和庭荫树当树冠枝条过于拥挤，通风透光不良时，要及时疏剪树冠内的拥挤枝、交叉枝、竞争枝、徒长枝等。当树达

到一定高度后，要疏除主干基部枝条，增加枝下高。当树体过高，尤其是与一些建筑、线缆发生交接时，要及时通过修剪降低树冠高度。

『经验推广』

　　疏除较粗大的分枝时，一定采用三步法，防止树枝与树皮之间产生撕裂。

2. 疏散分层形整形

　　① 定干，即在树形规定的干高上加20cm处短截主干，要求剪口下20cm有多个饱满芽。疏散分层形定干高度为70～80cm（图2-113）。

　　② 控制竞争枝，处于主干或主枝的延长枝（剪口下第一芽枝）下、长势与延长枝相当的枝条称竞争枝。竞争枝分枝角度小、干扰骨干枝的延伸方向，一般可以疏除，也可在生长季扭梢控制其生长（图2-114）。

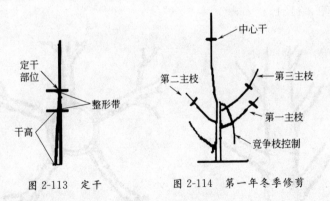

图 2-113　定干　　　　　图 2-114　第一年冬季修剪

　　③ 第一年冬季，从中心干上部选择位置居中、生长旺盛的枝条作为中心干延长枝，留50～60cm短截。在中心干延长枝的下部选择三个方位好、角度合适、生长健壮的枝条作主枝，留40～50cm短截，剪口芽留外芽（图2-114）。

　　④ 第二年冬季，每主枝上选留一个侧枝，主枝和侧枝均剪截

在饱满芽处。在中心干上选留 2 个辅养枝，对辅养枝拉平，控制其生长（图 2-115）。

⑤ 第三年，在中心干上再选 2 个主枝（为第四和第五主枝），修剪方法同基部三主枝。

⑥ 第四年，第四和第五主枝上培养侧枝，修剪方法同基部三主枝的侧枝（图 2-116）。

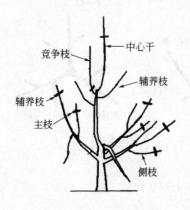

图 2-115　第二年冬季修剪　　　　图 2-116　第四年冬季修剪

3. 开心形整形（图 2-117）

① 定干，开心形定干高度一般为 70～80cm。

② 第一年冬季，选留 3 个合适的枝条作主枝，主枝短截在饱满芽处，剪口下留外芽，剪留长度根据长势一般在 50～60cm，主枝开张角度 45°左右。角度不合适时用撑、拉、坠等方法调整。

③ 第二年冬季，每主枝上选留 1 个侧枝，这个侧枝都在主枝的同一侧。侧枝短截在饱满芽处，剪留长度为 40～50cm，开张角度大于 45°。一般侧枝剪留比主枝短，开张角度比主枝大。

④ 第三年，每个主枝上选留第二侧枝，第二侧枝在第一侧枝对面，剪截方法同第一侧枝。

不同树形干高不同，骨干枝的数量、排列方式、开张角度不同，整形过程中根据树形要求选留、剪截主枝和侧枝即可。

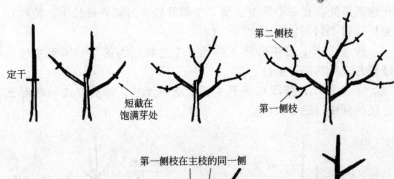

图 2-117 开心形整形过程（下为顶视图）

4. 杯状形整形（图 2-118）

① 定干，杯状形一般定干高度 60～80cm。

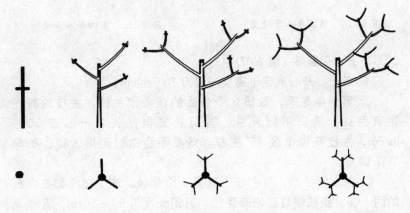

图 2-118 杯状形整形过程（下为顶视图）

② 第一年，选粗壮、开张角度和方向合适的 3 个主枝，并留 30～50cm 短截。

③ 第二年，在每个主枝上选留 2 个侧枝，留 30～50cm 短截。

④ 第三年，在每个侧枝上再选留 2 个副侧枝，即成自然杯状形，即"三股、六叉、十二枝"。

（三）灌木的整形修剪

灌木树形常用高灌丛形、宽灌丛形、独干形等。

1. 高灌丛形整形

每丛留主枝 3～5 个，不可太多，多余的丛生枝从基部疏除，留下的主枝在饱满芽处短截，促进分枝（图 2-119、图 2-120）。

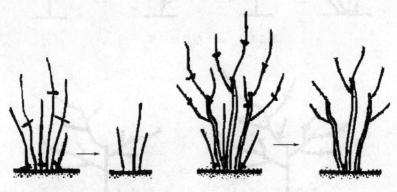

图 2-119　高灌丛形　　　　　图 2-120　高灌丛形
整形过程（一）　　　　　　　整形过程（二）

2. 宽灌丛形整形

这两种树形地面分枝多，整形任务是根据树种生长特点，调整树形，疏除过弱枝、过密枝、徒长枝，改善透光性；短截留下的主枝，使其错落有致，提高观赏效果即可（图 2-121）。

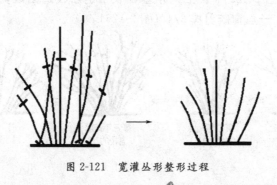

图 2-121　宽灌丛形整形过程

3. 独干形整形

独干形整形过程见图 2-122、图 2-123。

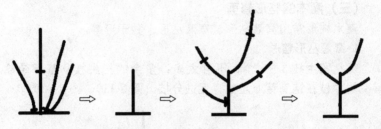

图 2-122 独干形整形过程（一）

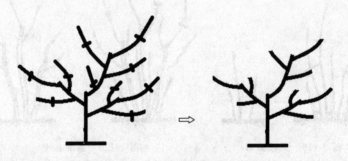

图 2-123 独干形整形过程（二）

4. 灌木的更新

对于老年灌木应逐年疏除老枝，促进萌发新梢，更新苗木，使旺盛生长（图 2-124）。灌木衰老严重时需要大更新，可以疏除所有老枝（图 2-125），然后对从基部长出的新枝适当疏剪（春季尽早疏除），一般需疏剪掉 3/4（图 2-126）。

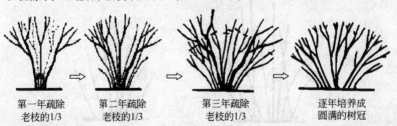

第一年疏除老枝的1/3　　第二年疏除老枝的1/3　　第三年疏除老枝的1/3　　逐年培养成圆满的树冠

图 2-124 灌木更新

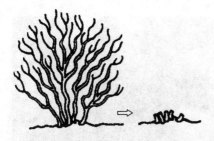

图 2-125 大更新

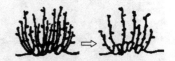

图 2-126 大更新后疏除过多的萌蘖

（四）人工式整形

1. 球形（红花檵木为例）

（1）多干球形 红花檵木小苗高 40cm 左右时，即进行打顶，促进分生多个侧枝，当植株长到 60～70cm 高时，剪到 40～50cm；再长到 80cm 时，剪到 70cm（图 2-127）。树冠上部枝条生长旺盛，故要重剪，侧面枝要轻剪，一般每年修剪多次，直至其冠径达到 1m，有大量分枝，以后沿球形修剪线修剪（图 2-128）。

图 2-127 反复短截促生分枝

（2）单干球形 小苗留 1 个主干，促进生长，当主干基径达 1～2cm 粗时，在离地 50～60cm 处截干，促发分枝。主干上选择分布合理的 3～5 个主枝，春季对主枝剪截促发分枝，每个主枝保留 3～4 个分枝，形成基本骨架。生长期当分枝达 20～30cm 时，剪截枝梢，促发大量分枝，形成次级侧枝，使球体增大（图 2-129），剪除畸形枝、徒长枝、病虫枝。一般每年可进行多次修剪，尽快增加冠幅。形成球形后，以后沿球形修剪线修剪。

图 2-128　冠幅 1m 后沿修剪线修剪

图 2-129　单干球形整形

2. 造型树的整形

（1）盆景式造型树整形（以红花檵木为例）　选一粗壮的枝条培养成主干，疏除其余枝条，当主干高达干高以上时定干，在其上选一健壮而直立向上的枝条为主干的延长枝，即作中心干培养；以后在中心干上选留配置 4～5 个强健的主枝，主枝上下错落分布；设立支柱，将主枝弯曲绑缚在支柱上；主枝反复摘心，促生分枝；分枝增多后沿修剪线修剪成一定造型（图 2-130）。

（2）多层造型树整形（以金叶榆为例）　多层造型要求主干高 2m 以上，分别在地面处或 1m 处、2m 处进行嫁接，或培养多个高低不等的主干进行嫁接。嫁接成活后对枝条摘心，冬季短截促生分

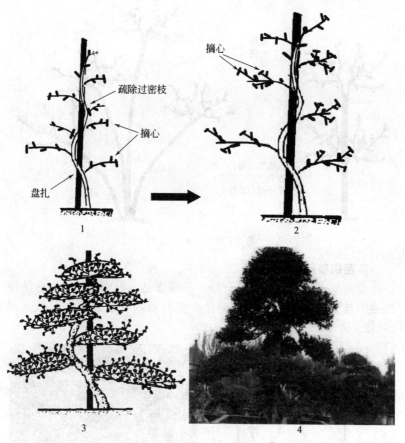

图 2-130　造型树整形过程
1—主枝选留培养；2—主枝反复摘心促进分枝；
3—分枝增多后沿修剪线修剪；4—造型树培养完成

枝；第二年生长季再摘心，冬季短截增加分枝，分枝增多后可修剪成方形、球形、三角形等多种造型（图 2-131）。

（五）绿篱整形修剪

绿篱由萌枝力强、耐修剪的树种呈密集带状栽植，起界限、分隔和模纹观赏的作用，其修剪时期和方式，因树种特性和绿篱功用而异。

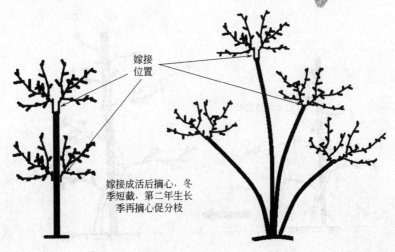

嫁接位置

嫁接成活后摘心，冬季短截，第二年生长季再摘心促分枝

图 2-131 多层造型树

1. 苗期整形修剪

绿篱灌木可从基部大量分枝，形成灌丛，以便定植后进行多种形式的整形修剪，因此，苗期至少重剪两次，增加苗木分枝（图2-132、图2-133）。

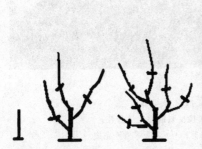

图 2-132 绿篱苗木重短截促分枝

图 2-133 苗木重剪后分枝状态

2. 定植后整形

绿篱的整形修剪方式有两大类，即自然式和规则式。自然式绿篱一般不需要作专门的整形，在未达到所需篱高时，尽量少修剪，最多只短截生长过快的枝条，保持植株同步生长；达到一定高度后

开始按要求整形（图 2-134）。

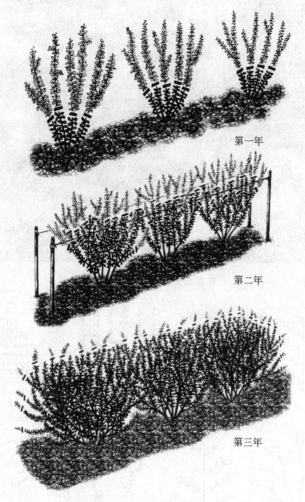

第一年

第二年

第三年

图 2-134　绿篱的修剪过程

规则式绿篱则需要经常修剪，除冬、春休眠和萌发初期必须整形外，其他季节也都应按模型要求修剪，每季各剪 1～2 次。秋后如温度适宜，绿篱生长较快时，还可再剪 1 次，以轻剪为宜，控制绿篱的生长量（图 2-135）。

图 2-135　规则式绿篱修剪

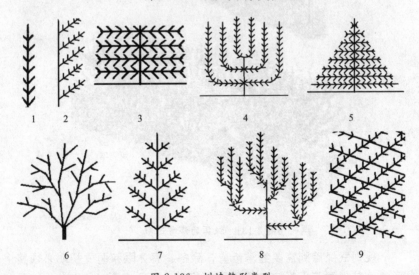

图 2-136　树墙整形类型

1—单干形；2—倾斜形；3—多层形；4—U 形；5—三角形；
6—不规则扇形；7—棕叶形；8—现代规则形；9—比利时式

（六）树墙整形

树墙种植在庭院及建筑物附近，起垂直绿化墙壁的作用。树墙的整形包括规则式和不规则式，有多种方法（图 2-136），主要是使主干低矮，在干上向左右两侧呈对称或放射状配置主枝，并使之保持一定的方向生长。树墙的修剪应轻重结合，予以调整，常用机械修剪（图 2-137）。

图 2-137　树墙修剪

第四节　树体保护与修补

一、树体保护与修补的意义与原则

园林树木往往因病虫害、冻害、日灼、机械损伤等造成伤口，这些伤口如不及时保护、治疗、修补，易遭病菌侵害，使内部腐烂形成树洞，对树木的生长有很大影响。因此，对树体的保护和修补是非常重要的养护措施。

树体保护和修补的原则是：预防为主、综合防治、防重于治。做好各方面预防工作，防止各种灾害的发生；搞好宣传教育，杜绝人为伤害；治要及早进行，防止伤口扩大。

二、伤口的治疗

1. 伤口保护与治疗的基本方法

枝干上因病、虫、冻、日灼或修剪等造成的伤口，首先应当用锋利的刀刮净削平四周，然后涂以保护剂（图 2-138）。伤口治疗具体操作步骤如下。

(a) 伤口清理　　　　　　(b) 伤口消毒和涂保护剂　　　　　　(c) 伤口愈合

图 2-138　伤口治疗步骤

（1）清理伤口　先修整伤口使伤口呈圆弧形，切口平整光滑，以利愈合。

（2）伤口消毒　可用 5°Bé 的石硫合剂，或 20％的硫酸铜溶液消毒。

（3）涂层保护　涂抹保护剂，以防伤口病菌感染。

优良的伤口愈合保护剂应不透水，不腐蚀树体组织，利于愈合生长；能防止木质爆裂和病菌感染。

2. 大树愈伤涂抹剂的种类

过去常用的保护剂有桐油、接蜡、沥青、聚氨酯、虫胶清漆、树脂乳剂等，现在有许多种类的伤口保护剂具有消毒和保护双重功能，如愈伤涂膜剂、愈伤膏等（图 2-139）。

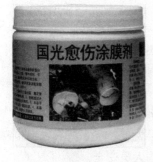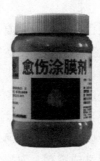

图 2-139　伤口保护剂

（1）特点

① 在植物切口能够迅速形成保护膜，可防止水分、养分的流失。

② 加入了细胞激动素、细胞分裂素，能促使伤口快速愈合。

③ 用于植物伤口防污、消毒杀菌防腐。

④ 不灼伤树体，成膜后耐雨水冲刷。

（2）用法用量（图 2-140）　直接用刷子将涂抹剂涂抹在伤口上，以均匀涂满树体伤口为宜。表干时间：干燥晴天为 2h 左右，

图 2-140　伤口保护剂使用

潮湿阴天为 4h 左右，未表干如遇雨应补刷。每 500g 涂抹剂能涂刷直径 5cm 的切口 2000～3000 个。

（3）适用范围

① 树体修剪口（切口）的杀菌防腐，以促进愈合。

② 树体枝干及树皮受伤、受病虫危害后。

（4）注意事项

① 久置若有少量分层，属正常现象，使用时搅匀不影响效果。

② 若黏度过大，使用时可加水 10％稀释搅匀后使用。

③ 不宜涂刷过厚，以均匀涂刷一薄层为度。

④ 本品为环保水溶性成膜剂，对操作人员安全。

3. 损伤皮修复

大树移植过程中常常会引起树皮的损伤，损伤严重时会影响养分输送，也易感染病菌，应及时修复。树皮损伤修复有两种方法，即复原技术和植皮技术：一是原皮可用，及时复原（图 2-141）；另一种是原皮不可用，需要植皮（图 2-142）。

(a) 伤口消毒　　(b) 原皮及时复位　　(c) 钉紧复位皮　　(d) 捆紧后涂保护剂

图 2-141　损伤皮复原技术

三、补树洞

树木因各种原因造成的伤口长久不愈合，长期外露的木质部受雨水浸渍，逐渐腐烂，形成树洞，严重时树干内部中空，树皮破裂。树干的木质部及髓部腐烂，输导组织遭到破坏，影响水分和养分的运输及贮存，严重削弱树势，降低了枝干的坚固性和负载能力，缩短树体寿命。因此，为了保护树木，防止遇风后断裂，影响园林景观效果，有必要对树洞进行修补。

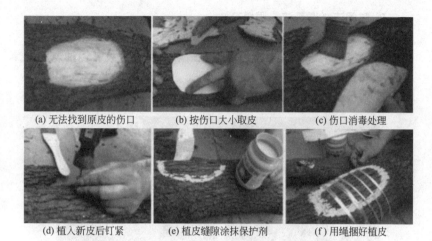

(a) 无法找到原皮的伤口　　(b) 按伤口大小取皮　　(c) 伤口消毒处理

(d) 植入新皮后钉紧　　(e) 植皮缝隙涂抹保护剂　　(f) 用绳捆好植皮

图 2-142　损伤皮植皮技术

（一）树洞修补方法

1. 开放法

树洞不深或无填充的（图 2-143），必要时可将洞内腐烂木质部彻底清除，刮去洞口边缘的坏死组织，直至露出新的组织为止，用药剂消毒，并涂防护剂。同时改变洞形，以利排水，也可以在树洞最下端插入排水管。以后需经常检查防水层和排水情况，防护剂每隔半年左右重涂一次。

图 2-143　无法填充的树洞

2. 封闭法（覆盖法、假填充）

对较窄树洞，可在洞口表面覆以金属薄片，待其愈合后嵌入树体。也可将树洞经处理消毒后，在洞口表面钉上板条，以油灰和麻刀灰封闭，再涂以白灰乳胶，颜料粉面，以增加美观，还可以在上面压树皮状纹或钉上一层仿真树皮（图 2-144）。

图 2-144　树洞修补后贴仿真皮

3. 填充法

（1）树洞填充材料

① 水泥砂浆：2 份净沙或 3 份石砾与 1 份水泥，加入足量的水搅拌而成（图 2-145）。

② 沥青混合物：1 份沥青加热熔化，加入 3～4 份干燥的硬材

图 2-145　水泥填充

图 2-146　发泡剂填充

锯末、细刨花或木屑，边加料边搅拌，使成为面糊颗粒状混合物。

③ 聚氨酯塑料：一种化学发泡填充物（图 2-146）。

④ 其他填料：包括木块、木砖、软木、橡皮砖等。

（2）树洞填充的质量要求　填料要充分捣实、砌严，不留空隙；填料外表面不高于形成层；定期检查。

（3）填充方法　为加强填料与木质部连接，洞内可钉若干电镀铁钉，并在洞口内两侧挖一道深约 4cm 的凹槽。填充物从底部开始填入，填充材料必须压实，填充物边缘应不超过木质部，使形成层能在它上面形成愈伤组织。外层用石灰、乳胶、颜色粉涂抹，或在树洞修补面上作画，美化树洞（图 2-147）。

图 2-147　树洞填充后美化

（二）树洞修补实例

1. 树洞修补实例 1（图 2-148）

（1）杀菌、杀虫液配制与使用　将配制好的毒枪 2 号配成 800 倍液并与松尔 400 倍液混合，尽量喷透，等 30min 左右进行第二次喷施。

（2）填充物配制与使用

① 碎石和木屑以 1 : 3 的比例混合；

② 将环氧树脂和固化剂以 20 : 3 的比例混合并充分搅拌；

③ 将混合均匀的环氧树脂与固化剂和填充物混合并搅拌均匀；

④ 将搅拌好的填充物填入树洞里并边塞边夯实。

2. 树洞修补实例 2

用水泥和小石砾的混合物等材料将树洞填充压实，在洞内钉上

(a) 清理树洞　　(b) 刮至露出新鲜组织　　(c) 喷杀菌杀虫液　　(d) 配制填充物

(e) 涂刷环氧树脂　　(f) 填入填充物　　(g) 纸板包裹4～5h　　(h) 拆去纸板涂保护剂

图 2-148　树洞修补实例 1

若干铁钉及木棍，并在洞内两侧挖一道深 4cm 的凹槽，填充从底部开始，每 20～25cm 为一层，用铁网片隔开。每层表面向外部倾斜，利于排水。填充物边缘不超过木质部，使形成层能在树洞外面形成愈伤组织。为加强树木的美观性，在填充材料内加颜料，使其颜色与树皮颜色大致相近，并且模仿树皮的裂痕，将其修补的惟妙惟肖（图 2-149）。

图 2-149　树洞修补实例 2

3. 树洞修补实例 3

重庆为保护古树、大树，使其不再继续被侵蚀、风化，让树体停止腐烂，对树木上的大空洞进行彻底清理、消毒、埋药，并用混凝土填充，进行表面恢复处理。对只有半树体的古树采用钢混结构制造假半体支撑、加固，并进行表面复旧处理（图 2-150）。

图 2-150　树洞修补实例 3

4. 树洞修补实例 4

将树洞里的朽木掏出，随后再将大块海绵撕成合适的小块，塞

图 2-151　树洞修补实例 4

进树洞，再用聚氨酯泡沫挤压到海绵表层，直到泡沫全部覆盖海绵。接下来将调配的与树皮同色的外墙乳胶漆刷在表面，这样不仅防水，还很美观（图 2-151）。

四、桥接

一些大树树干遭受病害或机械损伤后，皮层受损，影响养分输送，严重时会引起树体死亡，桥接是在伤口上下利用接穗搭接，可恢复养分输送能力（图 2-152）。具体操作步骤见图 2-153。恢复伤口输送养分能力的桥接可灵活多变，可利用伤口下方枝条桥接，也可利用新栽植的幼树桥接（图 2-154、图 2-155）。

图 2-152　桥接修补病疤

五、树木的枝干加固

1. 支撑

树干倾斜不稳、大枝下垂有劈裂趋势，需设支柱撑好。常用材料有金属杆、木桩、钢筋混凝土等（图 2-156）。下部立在坚固的地基上，上端与树干连接处有适当形状的托杆和托碗，并加以软垫，以免损害树皮。

① 削接穗
接穗长度稍大于病斑伤口长
度，接穗两头削成单斜面，
斜面在同一方向

② 砧木处理
刮净砧木伤口，在伤口上、下开
"T"字形接口

③ 插入接穗
将接穗插入砧木伤口上、下的接口
内，可用皮下腹接法

④ 固定接穗
接穗可用钉子固定或用塑
料条绑扎

图 2-153　桥接操作步骤

2. 打箍

有些古树被大风吹刮后，枝干扭裂，发生此情况时，应立即给扭裂的枝干打箍（图 2-157），以防枝干断裂。

3. 缆绳吊枝

主枝有轻微劈裂时，常用缆绳将几个主枝连接起来，拉、吊后转移重量（图 2-158、图 2-159）。缆绳可从中心主干、大枝或中央金属环，辐射连接周围的主枝，提供直接和侧向支撑（图 2-160）。

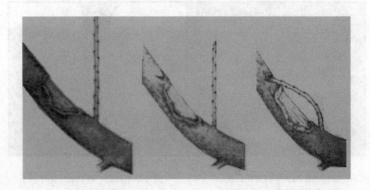

图 2-154 利用伤口下枝条桥接

图 2-155 利用新栽植的幼树桥接

4. 螺栓加固

用螺栓、螺钩或金属杆将相邻的主枝连接起来，它可以为弱杈或劈裂杈提供直接支撑（图 2-161、图 2-162）。

5. 注意事项

在安装缆绳时要考虑安装位置、连接方法、松紧适度以及选材的种类。同时注意无论是螺丝、螺栓，还是缆绳的绞接部分都要涂刷金属防护漆，进入木质部分的要刷保护剂后才能安装。

图 2-156 树木的支撑

图 2-157 硬支撑——打箍

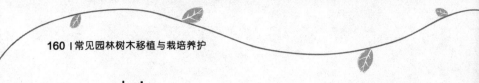

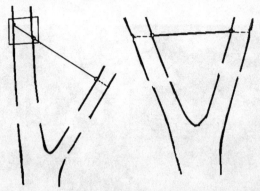

图 2-158　缆绳吊枝

图 2-159　缆绳加固部件

六、古树枝干加固实例

在济宁市中区的古楷园小区内，有一株树龄 2400 余年的黄连木（即楷木），是济宁城区树龄最高的树木。这棵黄连木的胸径接近 1.2m，树高约 15m，树冠呈伞形。古树的半体已经干枯，但另一半仍然枝繁叶茂。

古树长期外露的木质部受多年雨水浸渍，逐渐腐烂，已经造成树干中空，此次复壮将对其中空部分进行填充，树内空洞填充混合材料，以防进一步腐烂形成树洞。古树周边已浇注了 3 个水泥支柱，这些支柱使用的是无缝钢管，本着"修旧如旧"的原则，支柱进行了景观处理，形成了仿古树桩状，柱子表面树皮似的形状乍一看上去让人以为是 3 棵小树。考虑到古树已经中裂，在树体中部及

图 2-160 缆绳吊枝

护管

图 2-161 螺栓加固方法（一）

上部已加固了 3 个树箍，并在树箍内部加橡胶衬垫物。还从树干空洞的底部留了出水口，以防树液、雨水、凝结水沉积造成树体内腐烂（图 2-163）。

图 2-162　螺栓加固方法（二）

图 2-163　古树枝干加固

七、树木涂白

1. 目的

树干涂白的目的是预防病虫害，延迟树木萌芽，避免日灼危害

（图 2-164）。

图 2-164　树干涂白

2. 常用涂白剂成分

生石灰：水：盐：油脂：石硫合剂原液为 3：10：0.5：0.2：0.5。

3. 配制方法

先化开生石灰，把油脂倒入后充分搅拌，再加水拌成石灰乳，最后放入石硫合剂及盐水，也可加黏着剂，能延长涂白的期限。

4. 注意事项

① 涂白剂要随配随用，不得久放。

② 使用时要将涂白剂充分搅拌，以利刷匀，并使涂白剂紧贴在树干上。

③ 根颈处必须涂到。

④ 涂抹均匀，厚度适中。

⑤ 涂白时，要仔细认真，不能拿着嬉戏打闹，以免溅到面部。

第五节　树木的自然灾害

一、低温危害

根据低温对树木伤害的机理，分为：①冻害，指树木在 0℃以

下，因组织内部结冰所引起的伤害；②冻旱（干梢或抽条），指因土壤冻结而发生的生理干旱；③霜害（冷害），指 0℃以上的低温对树木所造成的伤害。多发生于热带或亚热带树种。

（一）冻害

冻害指树木因受低温的伤害而使细胞和组织受伤，甚至死亡的现象（图 2-165）。

图 2-165 冻害的表现

1. 冻害的形成原因

① 温度降低，冰晶不断扩大，细胞失水，细胞液浓缩，原生质脱水，蛋白质沉淀。

② 压力的增加，促使细胞膜变性和细胞壁破裂，植物组织损伤，导致树木明显受害。

2. 冻害的防治措施

① 贯彻适地适树原则，选择抗寒力强的树种、品种和砧木。

② 加强栽培管理，提高抗寒性。

③ 加强树体保护，如培土、树干刷白、树干包草、搭风障、树盘覆盖等。

3. 冻后恢复措施

① 加强肥水供应。

② 冻枯部分及时剪除，以利伤口愈合。

③ 冻后伤口要喷涂白剂，预防日灼。

④ 根颈受冻时及时桥接。

⑤ 树皮冻后成块状脱离木质部的要用钉子钉上，或进行桥接补救。

（二）冻旱

冻旱也叫干梢或抽条，指幼龄树木因越冬性不强而发生枝条脱水、皱缩、干枯现象。

1. 干梢的原因

幼树越冬后干梢是"冻、旱"造成的。一是树木生长前期干旱缺雨，枝条生长缓慢，进入雨季后，新梢生长加快，停长晚，以致新梢生长不充分，越冬能力差，造成冬季和早春抽条。二是早春冻土层尚未解冻时，土壤温度、湿度都很低，可利用的水很少，而此时气温已开始回升，加之早春多风，树体蒸腾水分往往大于根系所吸水分，导致树体水分平衡失调，而引起生理干旱，产生干梢。

2. 防止干梢的措施

（1）加强肥水管理　生长前期适当多施肥水，促使新梢生长健壮；进入雨季后要酌情控制浇水，及时排水；合理进行夏剪，于 9 月底至 10 月初对未停止生长的新梢摘心，以促使枝条充实，提高越冬安全性。生长后期应增施磷、钾肥，秋季施有机肥，增强树体抵抗力。早春及时灌水，或树盘覆膜增加土壤温度和水分，均有利于防止或减轻抽条。

（2）加强越冬保护　幼龄苗木为了预防抽条，一般多采用埋土防寒法，即把苗木地上部卧倒培土防寒（图 2-166），可防止干梢。但植株大则不易卧倒，可在树干北侧培起 60cm 高的半月形土埝。秋季对幼树枝干缠纸、塑料薄膜、树木专用绷带，或树干喷白等，对预防干梢有一定的作用。

（3）加强病虫害防治　病虫害的发生，往往对苗木生长产生一定的不利影响，严重者可造成树势衰弱，越冬性降低，尤其对枝条顶梢部位影响更为明显。如浮尘子产卵的枝条易发生干梢现象，因此，应加强病虫害的防治。

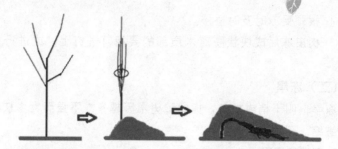

图 2-166　幼树埋土防寒

（三）霜害

霜害指生长季由于急剧降温，水气凝结成霜使幼嫩部分受冻的现象。

1. 霜冻成因及危害

早春及晚秋寒潮入侵，使气温骤然下降，形成霜害，主要症状为叶黄、脱落（图 2-167）。

图 2-167　树木霜害

2. 防霜措施

（1）推迟萌动期　使用生长抑制剂推迟萌动期，早春灌返浆水，树干刷白。

（2）改变小气候　常用喷水法、熏烟法、吹风法、加热法。

（3）根外追肥、叶面喷肥，增强树体抵抗力。

（4）霜后加强树木养护。

二、高温危害

高温危害指太阳强烈照射下，树木所发生的一种热害，以仲夏和初秋常见。直接伤害为日灼，间接伤害为饥饿和失水干枯。

1. 日灼症状

① 根颈伤害——灼环，又称干切。

② 形成层伤害——皮烧或皮焦。

③ 叶片伤害——叶焦。

2. 高温伤害防治

① 选择抗性强的树种或品种。

② 栽植前加强抗性锻炼，如逐步疏开树冠和庇荫树。

③ 保持移栽树木较完整的根系，以利吸水。

④ 树干涂白，树干束草、涂泥等。

⑤ 加强树冠管理，多留辅养枝避免枝、干的光秃和裸露。截干栽植或重剪应慎重，避免一次透光太多。

⑥ 加强综合管理，增强树体抵抗力。

⑦ 加强对受害树体的养护。

三、风害

风可给树体造成偏冠、偏心、枯梢、枯干、焦叶、缩短花期、枝叶折损、大枝折断、风倒等危害（图 2-168）。

图 2-168　树木遭受风害

1. 风害影响因素

（1）树木生物学特性与风害的关系

① 树种特性：浅根、高干、冠大、叶密。

② 树枝结构：髓心大、机械组织不发达、蛀干害虫危害的树木。

（2）环境条件与风害的关系

① 行道树，如果风向与街道平行，风力汇集成风口，易造成风害。

② 局部绿地地势低凹，排水不畅，雨后积水，土壤松软。

③ 沙性土、煤渣土、石砾土。

（3）人为经营措施与风害的关系

① 苗木质量：根盘小，根少。

② 栽植方式：株行距不合适。

③ 栽植技术：坑穴太小。

2. 风害的防治

（1）**重在预防**　选抗风树种和品种，适当密植，低干矮冠整形，设防护林和护园林。

（2）**管理措施**　排积水，改土质，培壮根苗，大穴换土，适当深栽，合理疏枝，定植后立支柱，吊枝，顶枝，设风障。

（3）**风害后维护**　扶正培土，修剪损伤枝条，立支柱。对于劈裂枝，顶起吊枝，捆紧基部伤面，并涂保护剂，促其愈合。加强肥水管理，尽快恢复树势。

第六节　园林树木病虫害防治

植物在生长发育过程中，由于受到昆虫、病菌等生物的侵害或不良环境条件的影响，使得正常的生理活动受到干扰，细胞、组织、器官遭到破坏，植物生长发育不正常，甚至死亡，不仅影响了美观，而且造成经济损失。

一、园林树木病虫害的防治方法

病虫害对园林树木造成的危害巨大，为了减少损失，应采取措施进行防治，常见的防治方法很多，壮树防病是基础。壮树防病是利用一系列栽培管理技术，培育健壮植物，增强植物抗害、耐害能力，避免有害生物危害。此外，病虫害防治方法还有物理机械防治、化学防治和生物防治等。

（一）物理机械防治

物理机械防治是采用物理和人工的方法消灭害虫或改变物理环境，创造对害虫不利的环境或阻隔其侵入的防治方法。物理机械防治见效快，可以在害虫大发生前进行消灭，也可以在害虫大发生时作为一种应急措施。常见的物理方法有以下几种。

1. 捕杀法

捕杀法是根据害虫发生特点和规律，人为直接杀死害虫或破坏害虫栖息场所的措施。可以人工摘除卵块、虫苞，也可在冬天刮除老皮；及时剪去病虫枝等。

2. 阻隔法

阻隔法是人为设置各种障碍，切断病虫害的侵害途径。可以使用防虫网，也可以进行地膜覆盖，还可以利用幼虫的越冬习性，在树干基部或中部设置障碍物，也可以针对不能迁飞的昆虫挖障碍沟。

3. 诱杀法

诱杀法主要利用害虫的趋性，配合一定的物理装置、化学毒剂或人工处理等来防治害虫的一类方法，包括灯光诱杀、毒饵诱杀、潜所诱杀等。灯光诱杀是利用昆虫具有不同程度的趋光性，对颜色有独特的选择，采用黑光灯、双色灯或高压汞灯结合诱集箱、水坑或高压电网诱杀害虫的方法。毒饵诱杀是利用昆虫对一些挥发性物质的特殊气味有敏感的感受能力，表现出的正趋性反应，在其所喜欢的食物中加入有毒物质，这种方法可以诱杀蝼蛄、金龟子等害虫。

① 杀虫灯：现在科研人员研制各种智能型太阳能杀虫灯，可免除用户架设线路的麻烦；用独特的光波和波频共振原理，令害虫瞬间晕倒掉入水盆中迅速淹死，没有电网层阻塞，杀虫空间大，杀虫性能稳定，效果可达 85％以上（图 2-169）。

② 性诱剂：昆虫性诱剂是仿生高科技产品，通过诱芯释放人工合成的性信息素化合物，并缓释至田间，引诱雄蛾至诱捕器，并用物理法杀死雄蛾，从而破坏其交配，最终达到防治效果

图 2-169 太阳能杀虫灯

图 2-170 性诱剂防治害虫

（图 2-170）。

③ 粘虫板：采用引诱光谱，特殊虫胶，双面涂胶，诱捕成虫，断其后代。粘虫板有多种规格，有用于各种大棚、温室的粘虫板，用于露地蔬菜、茶叶等的粘虫板，还有用于果树的粘虫板（见图 2-171、图 2-172，见彩图）。

（二）化学防治

化学防治指应用各种化学农药来控制病虫害的一种方法。这种方法效果显著，具备其他方法所不具备的优点，是病虫害防治体系当中快速、高效的防治方法，不受地域限制，易于机械化操作。缺点是可使苗木产生抗药性，杀死非目标生物，破坏生态平衡等。

1. 农药剂型

① 粉剂，即原药加入一定比例的高岭土、滑石粉等惰性材料

图 2-171 粘虫板——黄板

图 2-172 粘虫板——蓝板

经机械加工而成的粉末状物。

② 可湿性粉剂，即原药与少量表面活性剂及细粉状载体等粉碎混合而成，兑水使用。

③ 乳油，即原药加入溶剂、乳化剂、稳定剂等经溶化混合而成的透明或半透明的液体。

④ 颗粒剂、烟剂、悬浮剂、缓释剂、片剂以及其他剂型，使用方法在商品上都有详细介绍。

2. 农药的使用

生产中常见的使用方法有喷雾法、喷粉法、土壤处理法、毒土法、种苗处理法、毒饵法、熏烟法、注射法、打孔法等。

农药的科学使用以"经济、安全、有效"为原则，以生态学为基础，以控制有害生物种群数量为目的，做到合理用药、安全用药。

（1）合理用药 根据有害生物的种类，结合农药自身的防治范围，做到"准确用药"；选择有害生物生长发育最薄弱环节进行防治，做到"适时用药"；选择几种农药交替使用避免药害产生，做到"交互用药"；选择几种农药同时使用防治不同的有害生物种类和不同部位的有害生物，做到"混合用药"。

（2）安全用药 即保证用药时对人、畜、天敌、植物本身以及其他有益生物安全，防止人、畜中毒；对植物产生药害。

（三）生物防治

生物防治是利用生物及其生物产品来控制有害生物的方法。生

物防治对人、畜安全，对环境影响小，可以达到长期控制的目的，还不产生抗性问题。生物防治资源丰富，易于开发，是目前最科学的防治方法。

1. 以虫治虫

以虫治虫指利用昆虫和天敌的关系，以一种生物抑制另一种生物，以降低有害生物种群密度的方法。该方法的最大优点是对环境无污染，不受地形限制，在一定程度上可以保持生态平衡，常见的天敌昆虫有瓢虫、草蛉、赤眼蜂等（图 2-173，见彩图）。

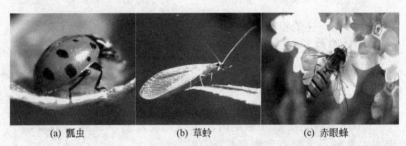

(a) 瓢虫　　　　　　(b) 草蛉　　　　　　(c) 赤眼蜂

图 2-173　常见天敌昆虫

2. 以菌治虫

以菌治虫指利用病原微生物来防治害虫，将真菌、细菌等制成制剂，采用喷雾法、土壤处理、诱杀等方法来杀死有害生物的方法。

3. 以鸟治虫

以鸟治虫指利用鸟类在不同时期啄食各个世代和不同龄期的害虫。鸟类是控制园林害虫的主力军，常见的鸟类有啄木鸟、燕子等，数据显示，啄木鸟一冬天可将附近 80％ 树干里的害虫掏出来，这是任何农药所不能完成的。

4. 以菌治病

以菌治病指利用有益生物及其产物来抑制病原物的生存与活动，从而减轻病害的发生，即"拮抗作用"。也可利用微生物之间的竞争作用、捕食作用、交互保护作用等来达到防止某些病害的发生。

二、常见园林树木病虫害的防治

（一）常见虫害的防治

1. 国槐尺蠖（吊死鬼）（图 2-174，见彩图）

图 2-174　国槐尺蠖（吊死鬼）

主要危害国槐、龙爪槐，以幼虫取食叶片，严重时可把叶片吃光，大量排粪并吐丝下垂，污染园容。

（1）生活习性　1 年发生 3 代，以蛹在树下土中过冬。次年 4 月中旬羽化，成虫白天在灌木树丛停落，夜晚活动产卵，有趋光性。危害期第一代在 5 月中旬，第二代在 6 月下旬，第三代在 8 月上旬，幼虫老熟后，吐丝下垂，入土化蛹。

（2）防治方法　除使用辛硫磷乳剂外还可使用无公害药剂，如 20％除虫脲 1 号 6000 倍液、BT 乳剂 800 倍液、1.2％烟参碱乳油 1000 倍液。

2. 桑褶翅尺蛾（图 2-175，见彩图）

主要危害杨、柳、榆、栾树、白蜡、石榴、海棠、碧桃、丁香、金银木等。

（1）生活习性　1 年 1 代，以蛹在土中过冬，次年 4 月上旬羽化，5 月有虫危害，5 月下旬至 6 月初入土化蛹。

（2）防治方法　①4 月上旬剪除带卵枝条；②药物防治时，除使用辛硫磷乳剂外，还可使用无公害药剂，如 20％除虫脲 1 号 6000 倍液、BT 乳剂 800 倍液、1.2％烟参碱乳油 1000 倍液。

图 2-175　桑褶翅尺蛾

3. 黄刺蛾（又名洋辣子）（图 2-176，见彩图）

图 2-176　黄刺蛾

其危害树木花卉达 120 余种，如杨、柳、榆、刺槐、樱花、腊梅、海棠、月季、黄刺玫、紫薇、丁香、芍药、扶桑、悬铃木等。

（1）生活习性　1 年 1 代，老熟幼虫在树枝、粗皮处结褐、白相间的条纹状茧，茧中化蛹过冬。次年 5 月羽化，成虫产卵于叶背，6～7 月幼虫聚于叶片危害，8 月分散蚕食，9 月在枝上结茧越冬，成虫有趋光性。

（2）防治方法　①剪除枝上虫茧减少虫源；②3 龄前剪除群聚叶片幼虫并消灭；③严重时可用烟参碱乳油 1000 倍液或 BT 乳剂 400～600 倍液杀灭，或 1.8％阿维菌素乳油 3000 倍液。

4. 柳毒蛾（毛毛虫）（图 2-177，见彩图）

主要危害杨、垂柳、毛白杨、旱柳、馒头柳，严重时把树叶

图 2-177 柳毒蛾

吃光。

(1) 生活习性 1 年 2 代,每年 9 月以 2 龄幼虫在树缝内作茧过冬。次年 4 月幼虫出茧危害,6 月中旬化蛹,6 月底成虫羽化产卵,危害期第一代 7 月,第二代 9 月中旬。幼虫白天隐藏于树干翘皮下,傍晚后出来取食。

(2) 防治方法 ①树干涂 20 倍 80% 敌敌畏药环杀灭树下幼虫;②傍晚可喷 1.2% 烟参碱乳油 1000 倍液,或 BT 乳剂 800 倍液。

5. 天幕毛虫（又名顶针虫）（图 2-178，见彩图）

图 2-178 天幕毛虫

主要危害山桃、杨、柳、榆、海棠、榆叶梅、紫叶李、碧桃、黄刺玫、黄杨等。

(1) 生活习性 1 年 1 代,以卵过冬,卵块呈顶针状产于小枝上。次年 4 月孵化出幼虫在枝杈处吐丝织网群聚,日伏夜食。5 月幼虫在网内织茧化蛹,15 天后,羽化出成虫产卵过冬。

(2) 防治方法 用 BT 乳剂 400～600 倍液或 1.2% 烟参碱乳油 1000 倍液喷杀 (傍晚可喷洒)。

6. 铜绿金龟子（嗡嗡闹）（图 2-179，见彩图）

成虫危害各种树苗及花苗的嫩叶嫩梢，幼虫喜食各种树木花卉及草坪的根。

（1）生活习性　1 年 1 代，以幼虫在土中过冬。次年 6～7 月化蛹羽化成成虫，白天入土潜伏，于叶尖活动取食，交尾产卵于田间。幼虫（蛴螬）为地下害虫。成虫有假死性和趋光性。

（2）防治方法　①用 5％颗粒辛硫磷穴施撒施，3～6g/m²；②喷洒烟参碱乳油 1000 倍液或 8％绿色威雷 200～300 倍液以杀灭成虫；③使用涕灭威土埋法杀幼虫。还有多种甲虫都可参照铜绿金龟子防治方法（图 2-180～图 2-182，见彩图）。

图 2-179　铜绿金龟子

图 2-180　杨梢叶甲

图 2-181　杨叶甲

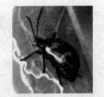

图 2-182　柳叶甲

7. 大青叶蝉（图 2-183，见彩图）

为全国性的刺吸害虫，各种树木花卉都受其害。成虫、若虫刺吸植物汁液，造成枝条失水干枯（抽条），并传播病毒病。

（1）生活习性　1 年 3～4 代，以卵在枝条表皮内过冬，次年 4 月孵化。若虫喜群集，能跳跃和横走，上午活动迟缓，下午至黄昏活跃。有趋光性。第 1、第 2 代产卵在杂草及农作物上，第 3、第 4 代在 10 月间产卵于新生枝条。

（2）防治方法　①清除杂草，剪除带虫卵枝条；②树干涂白，

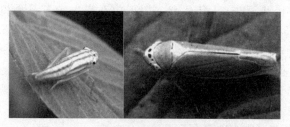

图 2-183　大青叶蝉（左幼虫，右成虫）

防止雌虫产卵；③用 50％杀螟松或 40％氧化乐果各 1000 倍液、20％杀灭菊酯 2000 倍液、花保等杀灭成虫及幼虫。

8. 斑衣蜡蝉（图 2-184，见彩图）

危害臭椿、洋槐、苦楝、合欢、海棠、五叶地锦、黄杨、榆树等。引起被害植物嫩梢萎缩、畸形，大量排泄油蜜物影响观赏，并能引发煤污病。

(1) 生活习性　1 年 1 代，以卵在树干或附近建筑物过冬。次年 4 月孵化成为若虫进行危害，三次脱皮后于 6 月羽化为成虫，8 月交尾产卵过冬。飞翔能力弱，但善跳跃。卵块像泥巴块，易发现。

(2) 防治方法　用 80％敌敌畏或 40％乐活 1000 倍液、50％辛硫磷 2000 倍液、1.2％烟参碱乳油 1000 倍液以杀灭若虫和成虫。

图 2-184　斑衣蜡蝉

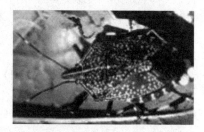

图 2-185　黄斑椿象

9. 黄斑椿象（臭大姐）（图 2-185，见彩图）

危害杨、柳、榆、臭椿、香椿、刺槐、碧桃、海棠等。常使枝叶枯萎、卷曲、变形，排出粪便在叶片上形成臭油点，虫体带有特殊臭味。

（1）生活习性　1年1代，以成虫在室内或向阳暖和处过冬。次年4～5月产卵于叶背、排列成行，5～7月若虫危害，8～9月成虫过冬。

（2）防治方法　①摘除带卵叶片；②可用40％氧化乐果或二溴磷乳油1000倍液；③亦可用无公害农药，如1.8％齐螨素乳油、晶体石硫合剂、蚧螨灵、花保等均可杀灭若虫和成虫。

10. 蚜虫（图2-186，见彩图）

图2-186　蚜虫

危害碧桃、李、杏、木槿、石榴、紫薇、海棠、刺槐、国槐、龙爪槐、蔷薇科植物等。群集嫩枝、芽和叶背食害，使叶向叶背卷缩，并分泌油蜜性排泄物，引发煤污病和病毒病。

（1）生活习性　1年可发生十余代。以卵在枝梢腋芽及树缝中过冬。次年3月孵化，若虫群集芽和叶背食害，并孤雌生殖十余代，10月出现两性蚜交尾产卵过冬。5月危害最强烈。

（2）防治方法　木本花卉发芽前喷施晶体石硫合剂，每20cm²土施铁灭克（涕灭威）颗粒1g；花卉生长期可喷3％快杀敌1500倍液，或1.2％烟参碱乳油1000倍液。注意清除杂草，减少虫源。

11. 红蜘蛛（图2-187，见彩图）

全国都有发生，危害各种树木花卉、盆景。聚集在嫩芽、叶背危害，被害叶自黄白色小点至焦枯脱落，小枝枯死。

（1）生活习性　1年可十余代，以受精卵或雌虫在树干裂缝及土面过冬，次年春天转到芽、叶危害，在温室中可以全年危害。有吐丝结网习性。

（2）防治方法　①及时清除枯枝落叶杂草；②树木发芽前，喷石硫合剂100倍液，过冬螨危害期可施5％霸螨灵、浏阳霉素2000倍液或2％罗素发、农螨丹1000倍液；③无公害农药可用50％硫悬乳剂，0.3%、0.9%、1.8%齐螨素乳油2000倍液，晶体石硫合剂100倍液，蚧螨灵2000倍液。注意各种杀螨剂要交替使用，以减少螨类抗药性。

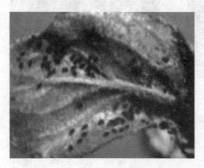 

图2-187　红蜘蛛　　　　　图2-188　月季白轮盾蚧

12. 月季白轮盾蚧（图2-188，见彩图）

危害月季、蔷薇、白玉兰、米兰、九里香、苏铁、茶花、杜鹃、南天竺等。若虫固定在寄主枝条上，形成一层白介壳；造成抽条不开花，干枯，严重时死亡，主要危害2年以上的枝条。

（1）生活习性　1年2代，以受过精的雌虫越冬，第1代5～6月，第2代8～9月，每个雌虫产卵100多粒，若虫孵化后，从雌介壳中爬出，经一段爬行后固定刺吸危害。

（2）防治方法　春季月季发芽前，施用晶体石硫合剂50倍液，以杀灭越冬虫体。若虫孵化期喷施40%速扑杀（速蚧克）乳剂2000倍液。

13. 常春藤圆盾蚧（图2-189，见彩图）

危害常春藤、榕树、鹤望兰、广玉兰、女贞、苏铁、花叶万年青、夹竹桃等。因其分泌蜡质，形成介壳，影响植株光合作用，致使叶片干枯死亡。且易引发煤污病。

（1）生活习性　1年2代，生活习性同月季白轮盾蚧。

（2）防治方法　①及时修剪虫枝，温室中注意通风透光；②药物防治同月季白轮盾蚧。

14. 草履蚧（图2-190，见彩图）

危害紫薇、樱花、梨、无花果、白玉兰等。

图 2-189　常春藤圆盾蚧

图 2-190　草履蚧

（1）生活习性　1 年 1 代，以卵和若虫在根和砖缝中群集过冬。

（2）防治方法　①虫口不多时，可人工刮除；②若虫大量出现时，可用 40％氧化乐果、敌敌畏等 1000 倍液喷杀；③树木发芽前可用 3°Bé 石硫合剂灭杀越冬若虫；④用无公害农药 20％融杀蚧螨乳剂、晶体石硫合剂、1.8％齐螨素乳剂、蚧螨灵、花保等杀灭若虫。

15. 光肩星天牛（树牛子）（图 2-191，见彩图）

危害杨、柳、榆、白蜡、海棠、合欢、臭椿、多种果树及花灌木。严重时，枝干折断、枯梢或整株枯死。

（1）生活习性　1 年 1 代，以幼虫在树干中过冬，5 月化蛹，5～6 月羽化成虫，7～8 月在树皮刻槽产卵，9 月初幼虫钻入树干危害，洞口常有锯末丝状粪便排出。

（2）防治方法　①于 6～8 月人工捕捉成虫，树干涂白防止成虫产卵；②人工钩杀幼虫，及时修剪严重受害虫枝并烧毁；③成虫期喷施 40％菊马合剂 2000 倍液，杀灭卵、成虫和幼虫，或用 20％灭蛀磷乳剂 50～100 倍液。幼虫期可用新型高压注射器向树干内注射内吸杀虫剂，如乐果、氧化乐果 10 倍液等，还可以注射施乐斯本 1500 倍液。成虫羽化期喷洒绿色威雷消灭成虫，效果较好。星天牛、桑天牛、云斑天牛的防治也与此相同（图 2-192～图 2-194，见彩图）。

16. 合欢吉丁虫（又名蛀皮虫）（图 2-195，见彩图）

危害合欢、白蜡、悬铃木、海棠等。其蛀食韧皮部和木质部，

图 2-191 光肩星天牛

图 2-192 星天牛

图 2-193 桑天牛

图 2-194 云斑天牛

形成曲折隧道，常造成树木枯死。蛀孔口常出现流胶现象。

(1) 生活习性 1年1代。以幼虫在树干内过冬。次年5月在隧道内化蛹，6月成虫羽化产卵，10～15天即可出现幼虫，并立即潜入树皮危害。

(2) 防治方法 ①4～5月用涂白剂刷树干杀灭虫卵；②用铁丝钩挖虫孔杀灭幼虫；③于6月成虫期喷杀施乐斯本1500倍液、烟参碱1000倍液，杀灭成虫；④土埋呋喃丹或铁灭克、绿色威雷等颗粒剂灭幼虫；⑤加强植物检疫，防治该虫随苗木传播；⑥幼虫初蛀入皮层时流胶，用刀刮除并用200倍敌敌畏涂抹。

17. 杨干象甲（象鼻虫，检验对象）（图 2-196，见彩图）

主要危害各种杨树及柳树、栾树，造成枯梢和风折，现已列为国家森林植物检疫对象。幼虫在树表面咬一针刺状小孔，孔中排出红褐色丝状粪便，并渗透出树液，这时树表皮颜色变深，呈油浸状凹陷，随后树皮开裂呈刀砍状横裂口。

(1) 生活习性 1年1代，以初龄幼虫在木栓层中越冬。次年

图 2-195　合欢吉丁虫　　　　　　　图 2-196　杨干象甲

4 月幼虫危害，6 月化蛹，7 月出现成虫，并产卵于叶痕或树干木栓层中，产卵时咬一孔，产卵，并用排泄物封堵孔口，幼虫出来后，不取食在原处过冬。成虫有假死现象。

（2）防治方法　①严格检查，防治传播蔓延；②4～5 月用 50％杀螟松或 50％辛硫磷 30～50 倍液，涂抹幼虫排粪孔杀灭幼虫；③6～7 月每 2 周喷一次杀螟松或辛硫磷或烟参碱乳油各 1000 倍液杀灭成虫；④利用成虫假死性早晚振落捕杀；⑤可用注射器注射乐果、氧化乐果杀灭幼虫。

18. 蛴螬（金龟子幼虫）（图 2-197，见彩图）

蛴螬喜食幼苗及花卉的根茎，成片咬食树木幼苗、草坪、花卉及农作物的根茎，造成缺苗断垄，常可使大片草坪枯死。其成虫为金龟子，是食叶害虫。

（1）生活习性　蛴螬多为 1～2 年发生一代，以成虫或幼虫（蛴螬）过冬，次年 3～5 月开始危害，6～9 月为危害盛期，成虫有趋光性及对农家肥、腐烂的有机肥有趋性，9 月后以幼虫或成虫在土中过冬。

（2）防治方法　①适时翻地整地使害虫暴露于表土；②在农家肥中放入敌百虫；③用 1000 倍辛硫磷灌杀幼虫；④用杀螟松、磷胺、烟参碱 1000 倍液，或施乐斯本 1500 倍液杀成虫。

19. 蝼蛄类（图 2-198，见彩图）

其食性杂，苗木种子、幼根、草坪植物及农作物均受其害，能造成大面积缺苗断垄。

（1）生活习性　有 3 年 1 代、1 年 1 代，其生活史比较长、比

图 2-197 蛴螬

图 2-198 蝼蛄

图 2-199 地老虎

较杂。华北蝼蛄若虫可 13 龄 1 代，而非洲蝼蛄基本 1 年 1 代，都可以成虫或若虫在土中过冬。3～8 月危害，9 月下旬开始越冬。喜欢昼伏夜出。成虫有趋光性和趋未腐熟的厩肥性。

（2）防治方法　①用毒谷毒饵诱杀；②不使用未经腐熟的厩肥；③用水灌溉捕杀。如用 50％辛硫磷 1000 倍液或 2.5％敌杀死 2000 倍液浇灌草坪，或用施乐斯本 1500 倍液浇灌。

20. 地老虎类（图 2-199，见彩图）

其主要危害苗木、花卉及草坪等，喜欢咬断苗木后拖入洞中食用。

（1）生活习性　1 年 3 代，以蛹或老熟幼虫在土中过冬，次年 5 月成虫羽化产卵，幼虫 5～6 月危害最烈，5 月出现第 1 代，8 月出现第 2 代，9 月出现第 3 代，10 月化蛹或以老熟幼虫过冬，成虫有趋光性。

（2）防治方法　①用 250 倍亚胺硫磷或 1000 倍辛硫磷灌杀幼虫；②3 龄前施用毒土效果更好，如 2.5％敌百虫粉 1.5kg 与 22.5kg 细土混合，撒在草坪上或苗圃中。

21. 种蝇（又名种蛆）（图 2-200，见彩图）

种蝇分布广，食性杂，危害多种花灌木及肉根、块根花卉。以幼虫危害幼根、嫩根、嫩茎，并能造成烂根。还危害种子，将种仁食净。

（1）生活习性　1 年 2～3 代，形似苍蝇，但较小，以卵或成虫过冬，次年 3 月开始活动，产卵于土块裂缝中或叶片上，长期危害。10 月中旬以卵或成虫过冬。

（2）防治方法　用施乐斯本 1500 倍液或亚胺硫磷、辛硫磷1000 倍液浇灌田地。

图 2-200　种蝇　　　　　　　图 2-201　大灰象甲

22. 大灰象甲（图 2-201，见彩图）

苗圃主要害虫，以成虫危害根、茎和新芽，使嫩枝断折。

（1）生活习性　1 年 1 代，以成虫和幼虫在土中过冬，次年 4月活动，5 月为害最烈，5～6 月产卵于叶尖端或土中，幼虫孵化后即钻入土中。成虫具有假死性，昼伏夜出。

（2）防治方法　①喷晶体敌百虫或烟参碱乳油 1000 倍液；②利用成虫假死性进行捕捉。

（二）常见病害的防治

1. 白粉病类

由真菌引起，危害多种花灌木。

（1）主要症状及发病规律　发生在叶片、花蕾及嫩梢上，初期叶病部变色，出现小黄点，以后发展为一层灰白色粉状物，严重时连成片，白粉为无性世代的分生孢子（图 2-202、图 2-203，见彩

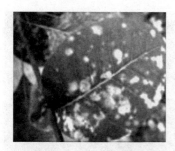

图 2-202　黄栌白粉病

图 2-203　葡萄白粉病

图)。秋季病斑中出现的小黑点为它的有性孢子。受害植株矮小，叶面不平，枝梢扭曲，花小或不开花，严重时叶片干枯脱落甚至整株死亡。以菌丝体和闭囊壳在寄主病芽、枝和落叶处过冬，春季借风雨传播，每年 5～6 月和 9～10 月发病严重。一般通风透光差、氮肥偏多、高温、高湿条件下有利白粉病发生。

（2）防治方法　①加强管理，及时修剪，保持通风透光，控制水分和温度，适当增施磷钾肥；②用 200 倍波尔多液或石硫合剂防治；③发病后可用药物防治，如托布津 1000 倍液、多菌灵可湿性粉剂 500 倍液，或 20％粉锈宁、70％甲醛 2000 倍液或生物农药银泰 600 倍液。

发病初期可用 BT 乳剂 100 倍液或 25％十三吗啉乳油 1000 倍液防治，注意药剂的交替使用，避免产生抗药性。

2. 锈病类

由真菌引起，主要危害梨、山楂、月季、西府海棠、贴梗海棠、桧柏、侧柏、泡桐、草坪等。

（1）主要症状及发病规律　叶、茎、芽和花、果均可受害。初期叶片出现褪绿斑，以后发展成铁锈色的夏孢子堆，破裂后散发出黄褐色粉状的夏孢子，后期在叶片上出现深褐色冬孢子堆（图 2-204～图 2-206）。有些锈病还引起肿瘤。病菌以菌丝体和冬孢子堆在宿主上越冬。春夏季借助风雨传播。可以表皮直接侵入，也可以自然孔口、伤口侵入，可重复侵染。温暖湿润情况下易发病。本病有转主寄生锈病，如梨桧锈病和芍药两针松锈病，也有单主寄生锈病，如玫瑰锈病和蜀葵锈病两类。

图 2-204 玫瑰锈病

图 2-205 梨锈病

图 2-206 杨树锈病

（2）防治方法 ①加强栽培管理，及时清除病枝、叶、果，合理施肥。注意植物品种的种植配置，如桧柏附近不种蔷薇科植物。②2～10 月向桧柏喷 100 倍等量式波尔多液或石硫合剂。4～5 月向月季喷上述药物。③发病初期施用 40％灭病威 300 倍液，或 25％三唑酮（粉锈宁）1500 倍液。④发病期可用 0.3°Bé 石硫合剂或多菌灵和托布津 1000 倍液防治。

3. 叶斑病类

由真菌引起，危害红瑞木、枸杞、石榴、月季、木槿、紫薇、金银木、碧桃、杜鹃等多种植物。

（1）主要症状及发病规律 主要发生在叶部，初期叶片上出现小斑点，以后发展成近圆形或多边形大斑（图 2-207，见彩图）。有时叶斑病边缘色深而界限明显，后期病斑上出现灰色霉层，有时出现穿孔现象（图 2-208，见彩图），有的病斑出现褐色轮纹。以菌丝或分生孢子在病残体上或土中过冬。次分生孢子借助风雨、浇

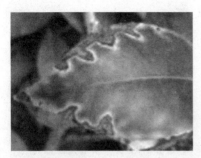

图 2-207　山茶叶斑病

图 2-208　榆叶梅叶斑病

水飞溅传播，直接侵入或从伤口侵入，只有初次侵染，很少有再次侵染现象。秋季多雨条件下发病严重，一般过密种植和连茬种植都易发病。

（2）防治方法　发病初期喷施 75％百菌清或 50％速克灵 1000 倍液，也可喷 10％双效灵 200 倍液、50％硫悬乳剂 1000 倍液，每隔 7～10 天喷 1 次，连喷 3～4 次。

4. 炭疽病类

由真菌引起，主要危害核桃、梅花、含笑、大叶黄杨、雀舌黄杨、法国冬青、悬铃木、紫叶李等。

（1）主要症状及发病规律　多发生在叶尖和叶缘部。①刺盘孢菌引发的病害：初期叶片出现红褐色小点，后扩大成灰褐色至灰白色大斑（图 2-209，见彩图）。病斑交界处有不规则的紫褐色或黑褐色或黑色环纹（图 2-210，见彩图）。后期中间可见轮生的小黑点（分生孢子盘），病斑处易破裂穿孔（图 2-211，见彩图）。②盘长孢菌引发的病害：主要在老叶上发病，发病初期出现水渍状黄色小点，后期病斑扩大、中间出现小黑点排列但不成轮状。病斑交界明显。

两者都以分生孢子盘和菌丝在病株和土壤中过冬，次春产生分生孢子借风雨和昆虫传播，由气孔和伤口侵入，可重复侵染。夏秋发病严重，伤口多、氮肥多时易发病。

（2）防治方法　①及时清除落叶和修剪病叶，减少侵染源。②种植不宜过密，注意免受冻害和霜害，养护中尽量避免造成伤口，合理施肥，浇水时不要淋浇。③初期发病施 50％炭疽福美砷

500 倍液或 3％特富灵 2000 倍液。

图 2-209　山茶炭疽病

图 2-210　大叶黄杨炭疽病

图 2-211　橡皮树炭疽病

5. 茎腐病类

由真菌引起，主要危害含笑、油松、各种柏树、柳树、毛白杨、国槐、泡桐、榆树、白蜡、木槿等，易造成苗木立枯、猝倒、芽腐、杨柳树腐烂病、溃疡病、国槐溃疡等。

（1）主要症状及发病规律　主要发病在茎部，在植株近地表处，在花卉苗木质化前茎基部产生水渍状浅褐色小点，后逐渐扩大变深色，并出现溢缩性凹陷（图 2-212，见彩图）。移栽分苗后，病斑迅速环包整个茎基部，并变黑，有的腐烂（图 2-213，见彩图），使花卉幼苗猝倒死亡。如苗木木质化后导致立枯死亡，发芽时导致芽腐。

以菌丝和菌核在土壤中及病残体上过冬。病菌可长期生活在土壤中，腐生性强，寄生范围广。苗木播种后，幼苗长出 2 片真叶时易患病。一般在涝洼地、排水不良的苗圃易发生，尤其施氮肥多更易发病。主要危害弱势树及新移栽树。开始出现褐色水肿状病斑，表皮腐烂变软，发生龟裂并有许多针状突起，雨后或潮湿天气产生橙黄色、橘红色卷丝或枝条枯死。

图 2-212　金边瑞香茎腐病　　　　图 2-213　菊花茎腐病

（2）防治方法　①加强苗圃管理，及时做好雨后排水工作。少施氮肥，多施复合肥或磷钾肥。适度灌水，实行轮作，不重茬种植。②人工防治：发现病苗，及时拔除烧毁。③用70％土菌消可湿性粉剂500倍液处理土壤，消灭土中菌源，如能与福美双混用效果更好。还可以用75％敌克松处理土壤。注意药剂的交替使用。④刮除病斑老皮，涂抹多菌灵或托布津200倍液，涂抹15天后再用60～100mg/L赤霉素涂于病斑，利于树木愈合。

6. 黑斑病类

由真菌引起，危害月季、茶花、榆叶梅、紫薇、黄刺玫、散尾葵、假槟榔、白蜡、榕树等。

（1）主要症状及发病规律　多发生在叶片上，枝和花也有发生。初期病部出现紫色小点后扩大成近圆形褐黑色病斑（图2-214，见彩图），其边缘呈放射状黄晕（图2-215，见彩图），严重时病斑连成片枯萎，叶脱落。其发病由下部向上部发展，后期病斑中有小黑粒，为分生孢子盘。以菌丝和分生孢子盘在病株、枯叶、土中过冬，次年春借风雨传播，由伤口侵入，可多次重复侵染，7～9月为发病盛期，9月后越冬。

（2）防治方法　①及时清理病枝，减少侵染源。②加强管理：合理施肥，适度修剪，通风透光，不用喷淋法浇水。③选用抗病良种，如月季可选马蹄达、皇后、多特蒙、花房子等。④冬季和发芽前用晶体石硫合剂50～100倍液喷洒灭菌，还可杀过冬蚜虫和叶螨。发病期可施75％百菌清、速保剂、多菌灵、托布津1000倍液，10～15 天 1 次，连喷 4～5 次。

图 2-214　月季黑斑病　　　　图 2-215　茶花黑斑病

7. 斑枯病与叶枯病类

由真菌引起，主要危害海桐、月季、海棠、碧桃、锦带花、丁香等 200 多种树种。

（1）主要症状及发病规律　两者均发生在叶片上，病斑为中小型病斑。初为浅褐色小圆点，以后扩大为边缘紫褐色或褐色的不规则斑。后期病斑散生黑色分生孢子盘（小黑点），造成植物枯尖（图 2-216～图 2-218，见彩图）、枯叶或枯斑，病叶提早脱落。以分生孢子盘或菌丝在病株或土壤中过冬，次年春天借风雨传播，可直接侵入或从伤口等处侵入，一般在多湿闷热通风不良环境下易发病。

（2）防治方法　①加强管理，要选排水良好处种植，注意通风透光。合理施肥，增强生长势。②及时清除病叶，消灭病原。③初期喷 50% 多菌灵、托布津或 70% 代森锰锌、10% 宝丽安粉剂 600 倍液。注意药剂的交替使用，以免产生抗药性。

8. 穿孔病类

由细菌黄单胞杆菌和真菌尾孢菌属所致，危害桃、碧桃、梅花、金橘、樱花、榆叶梅、紫薇、木槿、红瑞木等。

（1）主要症状及发病规律　细菌穿孔病发病初叶片上出现水渍状小点，浅褐色，后发展为圆形或多角形褐色或紫褐色病斑，边缘出现黄色晕或浅黄色菌脓，干后形成孔洞（图 2-219、图 2-220，见彩图）。细菌在枝条上过冬，次春溢出病原杆菌，借昆虫和风雨

图 2-216 蜡梅叶枯病

图 2-217 广玉兰叶斑病

图 2-218 桂花叶枯病

传播。从自然孔和伤口侵入，5月开始发病，6～8月发病严重。

真菌穿孔病症状与细菌相似，但6月开始发病，8～9月发病严重。以菌丝分生孢子过冬。两种病原在阴雨连绵或蚜虫危害严重时生长势弱，排水不良、高温情况下易发病。

(2) 防治方法 ①及时防治蚜虫等刺吸式口器害虫，减少伤口。②加强管理，增施磷钾肥，剪除病叶，及时排水，注意通风透光，增强花木长势，创造不利于病害发生的环境。③细菌性穿孔病初时喷施95％细菌灵500倍液或77％可杀得600倍液，或各种抗菌素如青霉素、土霉素等500倍液；真菌性穿孔病可喷58％瑞毒素-锰锌500倍液或托布津、多菌灵800～1000倍液，1周1次，连喷3～4次。也可喷10％绿帝乳油（人工合成的仿生药剂）300～500倍液。

9. 癌肿病类

由细菌所致，危害月季、樱花、丁香、连翘、梅花、橡皮树、海棠、蔷薇、苹果、山楂、山桃、碧桃、杨树、榆树等。

(1) 主要症状及发病规律 主要发生在植物的根部和茎部，主

图 2-219　桃穿孔病

图 2-220　樱花穿孔病

要表现为大小不等、形状不同的瘤状物（图 2-221、图 2-222，见彩图）。发病初期出现白色或浅褐色的小圆肿瘤，表面光滑，较软，后逐渐增大透明，呈深褐色，表面粗糙，质地变硬，木质化，并出现龟裂，使树木生长不良、矮化、叶黄、落叶、小花，严重时整株死亡。细菌在肿瘤皮层或病残体的土壤中过冬，借雨水、地下害虫、调运苗木传播，从伤口侵入。病菌在气温低于 10℃ 时潜伏，待 20℃ 时开始表现症状，形成肿瘤。

（2）防治方法　①加强检疫，禁止调运病株，发现后应及时处理。②加强管理：土壤消毒处理；苗圃进行 3 年以上的轮作；以芽接代替切接，这样刀口小易愈合，减少杆菌侵入机会。生产中尽量不要造成伤口，浇水时不要淋浇。③及时切除癌瘤，用甲冰碘液（甲醇 50 份、冰醋酸 25 份、碘酒 12 份）涂抹消毒，也可用链霉素、土霉素涂抹治疗。

10. 杨树根瘤病（冠瘿病）

本病病菌寄主达 300 多种，但以柏树、杨树等树种为主。

（1）主要症状及发病规律　主要发生在幼苗和幼树的树干基部和根部。初期在被害处形成表面光滑、质地柔软的灰白色瘤状物，后期形成大瘤，瘤面粗糙并龟裂，质地坚硬，可轻轻将瘤掰掉，瘤的直径最大可达 30cm。受害树木生长衰弱，如果根颈和主干上的病瘤环周，则寄主生长趋于停滞，叶片发黄而早落，甚至枯死（图

图 2-221　月季癌肿病　　　　图 2-222　病株上的癌瘤

2-223，见彩图）。病原菌由灌溉或雨水传播，或由工具、地下害虫传播。偏碱性的土壤和湿度大的土壤有利该病发生。可使受害树木慢性衰弱，导致腐烂病、蛀干害虫并发。

（2）防治方法　①加强免疫，发现可疑苗木，用 1％硫酸铜浸根 5min，再用清水冲洗。②初期先切除瘿瘤后涂波尔多液，发病重的可伐除烧毁。③土壤用硫酸粉、硫酸亚铁（每亩 5～15kg）消毒。

图 2-223　杨树根瘤病

第三章

常见园林树木的移植与栽培养护

第一节　常绿乔木的移植与栽培养护

一、广玉兰

【学名】*Magnolia grandiflora*

【科属】木兰科、木兰属

【产地分布】

广玉兰别名洋玉兰，原产于美国东南部，分布在北美洲以及中国大陆的长江流域及以南地区，北方如北京、兰州等地已有人工引种栽培。在长江流域的上海、南京、杭州也比较多见。

【形态特征】

常绿乔木，在原产地高达 30m；树皮淡褐色或灰色，薄鳞片状开裂；小枝、芽、叶下面、叶柄均密被褐色或灰褐色短茸毛。叶厚革质，椭圆形、长椭圆形或倒卵状椭圆形，先端钝或短钝尖，基部楔形，叶面深绿色，有光泽。花白色，有芳香，聚合果圆柱状长圆形或卵圆形，密被褐色或淡灰黄色茸毛。花期 5～6 月，果期9～10 月（图 3-1，见彩图）。

图 3-1　广玉兰形态特征

【生长习性】

广玉兰喜光，而幼时稍耐阴。喜温湿气候，有一定抗寒能力。适生于干燥、肥沃、湿润与排水良好的微酸性或中性土壤，在碱性土种植易发生黄化，忌积水、排水不良。对烟尘及二氧化碳气体有较强抗性，病虫害少。根系深广，抗风力强。特别是播种苗树干挺拔，树势雄伟，适应性强。

【园林应用前景】

广玉兰为珍贵的树种之一，在庭园、公园、游乐园、墓地均可采用，可孤植、对植或丛植、群植配置，也可作行道树，最宜单植在宽广开旷的草坪上或配植成观赏的树丛，不宜植于狭小的庭院内，否则不能充分发挥其观赏效果。与彩叶树种配植，能产生显著的色相对比，从而使街景的色彩更显鲜艳和丰富（图 3-2，见彩图）。

图 3-2　广玉兰园林应用

【移植与栽培养护】

1. 移植

广玉兰常用嫁接法和扦插法育苗，嫁接常用木兰（木笔、辛夷）作砧木。移植时注意做到以下几点。

① 广玉兰移植以早春为宜，但以梅雨季节最佳。春节过后半个月左右，广玉兰尚处于休眠期，树液流动慢，新陈代谢缓慢，此时即可移栽。

② 广玉兰移植前 25 天左右，使用兰桂专用速生根，每 2 克兑水 20kg，对移栽树进行叶面喷雾，可诱导出大量新的次生根系，利于移栽后成活。

③ 起挖前 2 天，于根部范围灌水，以利于土球挖掘。广玉兰大树移植需带大土球，一般土球直径为树干胸径的 10～15 倍，土

球应用草绳细致包扎，以免运输途中土球松散。用红漆在树干上作出向阳面的标识。

④ 运输前进行修枝、摘叶、裹干，可减少水分蒸发。修枝时应除掉内膛枝、重叠枝和病虫枝，并力求保持树形的完整；摘叶以摘去叶片量的 1/3 为宜。用湿草绳将树干和大枝缠绕，并用编织袋包裹土球。装车后，用帆布罩住苗木。运输要快、稳。

⑤ 栽植时要调整好深度和摆正方向（根据起苗时的标记），调好位置，先去掉土球上的编织袋、草绳，再回填土，踏实，使土球与土壤紧密结合。为防止灌水后土球下沉，栽植时使土球稍高于地面，围堰、设支架。移植后应采取遮阴措施，可减少水分蒸发，利于成活。

2. 肥水管理

广玉兰移栽后，第一次定根水要及时，并且要浇足、浇透，7天后再浇 1 次，以后根据实际情况适当浇水。若移植后降水过多，还需开排水槽，以免根部积水，导致广玉兰烂根死亡。高温季节每天 9～17 点，对树体喷水 5～8 次，以喷湿树体枝叶为宜，直到成活为止。

对广玉兰补充养分是日常养护的重中之重。只有给苗木提供了充足的养分，它才会多开花、花期长、气味浓郁，更加惹人喜爱。施肥的原则是少量多次，不能一次施肥太多，否则将对广玉兰的根产生不良影响。

二、香樟树

【学名】*Cinnamomum camphora* (L.) Presl.

【科属】樟科、樟属

【产地分布】

分布于长江以南及西南区域。

【形态特征】

常绿大乔木，高可达 30m，直径可达 3m，树冠广卵形；枝、叶及木材均有樟脑气味；树皮黄褐色，有不规则的纵裂。枝条圆柱形，淡褐色。叶薄革质，卵形或椭圆状卵形，先端急尖，基部宽楔形至近圆形，边缘全缘。圆锥花序腋生，花小，绿白色或带黄色。

果卵球形或近球形，熟时紫黑色。花期 4～5 月，果期 8～11 月（图 3-3，见彩图）。

图 3-3　香樟形态特征

【生长习性】

樟树多喜光，稍耐阴；喜温暖湿润气候，耐寒性不强，对土壤要求不严，较耐水湿，但不耐干旱、瘠薄和盐碱土。主根发达，深根性，能抗风。萌芽力强，耐修剪。生长速度中等，树形巨大如伞，能遮阴避凉。存活期长，可以生长为成百上千年的参天古木，有很强的吸烟滞尘、涵养水源、固土防沙和美化环境的能力。

【园林应用前景】

香樟枝叶茂密，冠大荫浓，树姿雄伟，是城市绿化的优良树种，广泛作为庭荫树、行道树、防护林及风景林，常丛植、群植、孤植于庭院、路边、草地、建筑物前，或配植于池畔、水边、山坡等（图 3-4、图 3-5，见彩图）。因其对多种有毒气体抗性较强，有较强的吸滞粉尘的能力，常被用于城市及工矿区。

【移植与栽培养护】

1. 移植

香樟常采用播种和扦插繁殖。移植时间一般在 3 月中旬至 4 月中旬，在春季春芽苞将要萌动之前移植，在梅雨季节可以补植，秋季以 9 月移植为宜；冬季少霜冻或雨量较多的地方也可冬植。移植最好在上午 11 时之前或下午 16 时之后进行。

香樟苗木可裸根移植，栽植前应对其根部进行整理，剪掉断根、枯根、烂根、短截无细根的主根；大树移植需带土球移植，最好先进行断根缩坨处理，经过修剪的香樟树苗应马上栽植，如果苗

图 3-4　香樟园林应用　　　　图 3-5　香樟大树移植观赏效果

木运输距离较远，则根部要用湿草、塑料薄膜等加以包扎以便保湿。

香樟移植时需要对树冠进行修剪，可连枝带叶剪掉树冠的1/3～1/2，以大大降低全树的水分损耗，但应保持基本的树形，以加快成景速度，尽快达到绿化效果。修剪后还要用浸湿的草绳缠绕包裹主干和大枝。

香樟大树移植宁浅勿深，最好以原有深度为宜，确定好方位后，回填拌有适量有机肥的土，夯实土球周围的土壤，围堰、设支架。栽植后要立即浇水，为了提高成活率，在水中可加入生根宝、大树移植成活液等药剂以刺激新根生长。高温、干旱时，每天向枝叶喷水 1～2 次，以提高成活率。

2. 肥水管理

香樟树栽好后要加强养护管理。浇水要掌握"不干不浇，浇则浇透"的原则。栽植后 2～5 年适当施肥，冬春季施有机肥，每株施 15～20kg，生长前期可追施氮素肥料。

三、杜英

【学名】*Elaeocarpus decipiens* Hemsl

【科属】杜英科、杜英属

【产地分布】

产于中国南部，浙江、江西、福建、台湾、湖南、广东、广西及贵州南部均有分布。

【形态特征】

别名假杨梅、青果、野橄榄等。常绿乔木，高 5～15m。叶革质，披针形或倒披针形，边缘有小钝齿；秋冬至早春部分树叶转为绯红色，红绿相间，鲜艳悦目。总状花序多生于叶腋，花序轴纤细；花白色，花瓣倒卵形，与萼片等长，上半部撕裂。核果椭圆形，外果皮无毛，内果皮坚骨质，表面有多数沟纹。花期 6～7 月，果期 10～12 月（图 3-6，见彩图）。

图 3-6　杜英形态特征

【生长习性】

杜英喜温暖潮湿环境，耐寒性稍差，稍耐阴。根系发达，萌芽力强，耐修剪。喜排水良好、湿润、肥沃的酸性土壤。适生于酸性之黄壤和红黄壤山区，若在平原栽植，必须排水良好，生长速度中等偏快。对二氧化硫抗性强。

【园林应用前景】

杜英分枝低、叶色浓艳、分枝紧凑、主干通直，适合作庭荫树、行道树（图 3-7，见彩图），也可作绿篱墙。杜英还有降低噪声、防止尘垢污染的作用。杜英最明显的特征是叶片在掉落前，为高挂树梢的红叶，非常适合作为住家庭园添景、绿化或观赏树种。

【移植与栽培养护】

1. 移植

杜英以播种繁殖为主，也可扦插繁殖。杜英移植常在 2 月下旬至 3 月中旬进行，在芽萌发前栽植，最好选择阴天或雨后栽植，切

图 3-7 杜英园林应用

忌晴天中午干旱时栽植。小苗移植带宿土，大苗移植可带土球，起苗时注意深起苗、勿伤根。杜英怕高温烈日和日灼危害，栽植密度要适当，最好树冠能相互侧方荫蔽，无遮阴条件要用草绳包扎主干。为减少水分蒸发，移植前可适当修剪树冠，保留主枝和侧枝，剪除其余小枝。

为了防止杜英种植以后树干遭受日灼伤害，种植时要特别注意树木朝向的安排。一定要把树冠较宽、树枝较密的一侧朝向西面，以尽可能地减少阳光直射到树木的主干上，避免日灼的产生。对杜英进行草绳裹干、刷白等，可避免日灼的发生，特别是在冬季保护的效果更好。

2. 肥水管理

杜英苗木生长初期，每隔半个月施 3％～5％稀薄人粪尿。5 月中旬以后可用 1％过磷酸钙或 0.2％尿素溶液浇施。梅雨季节应做好清沟排水工作，干旱季节应做好灌溉工作。

四、女贞

【学名】*Ligustrum vicaryi*

【科属】木犀科、女贞属

【产地分布】

产于长江以南至华南、西南各省区，向西北分布至陕西、甘肃。

【形态特征】

女贞为落叶、常绿或半常绿灌木或乔木，高可达 12m；树皮灰褐色。枝黄褐色、灰色或紫红色，圆柱形，疏生圆形或长圆形皮孔。叶片常绿，单叶对生，革质，卵形、长卵形或椭圆形至宽椭圆形。圆锥花序顶生，花白色。果肾形或近肾形，成熟时呈红黑色（图 3-8，见彩图）。花期 5～7 月，果期 8～11 月。

图 3-8 女贞形态特征

【生长习性】

女贞喜阳，稍耐阴，较耐寒，但幼苗不甚耐寒。华北地区可露地栽培，对二氧化硫、氯化氢等毒气有较好的抗性。耐修剪，萌发力强。适生于肥沃、排水良好的土壤。

【园林应用前景】

女贞枝叶茂密，树形整齐，是园林中常用的观赏树种，可于庭院孤植或丛植，亦可作为行道树（图 3-9，见彩图）。

【移植与栽培养护】

女贞常采用播种和扦插繁殖，播种育苗容易，还可作为砧木，嫁接繁殖桂花、丁香、金叶女贞。女贞以秋季移植为好，小苗可裸根移植，大苗要带土球移植，移植前要适当疏剪枝叶，保留原来树冠的 2/3 即可。栽植后连浇三遍水，以后视天气情况见旱即浇，成活率可达 98％以上。成活后每年在 11 月底至 12 月初浇一次防冻

图 3-9　女贞的园林应用

水，翌年春天 3 月初及时浇一遍解冻水，然后视土壤的干湿度确定浇水时间。

女贞喜肥，栽植前施入经腐熟发酵的圈肥作基肥，3 月结合浇解冻水，在树的周围距树干 50cm 处挖环状沟，施入一定量的农家肥，5 月中旬株施 50～100g 的氮肥，11 月底，结合浇封冻水施用少量腐熟的圈肥即可。

五、桂花

【学名】*Osmanthus fragrans* Loureiro

【科属】木犀科、木犀属

【产地分布】

原产于中国西南、华南及华东地区，现四川、云南、贵州、广东、广西、湖南、湖北、浙江等地有野生资源。现今欧美许多国家以及东南亚各国都普遍栽培，成为重要的香花植物。

【形态特征】

别名汉桂。常绿小乔木或灌木，高 3～5m，最高可达 18m；树皮灰褐色。小枝黄褐色。叶片革质，椭圆形、长椭圆形或椭圆状披针形，全缘或通常上半部具细锯齿。聚伞花序簇生于叶腋，或近于帚状，每腋内有花多朵；花极芳香；花冠黄白色、淡黄色、黄色或橘红色（图 3-10，见彩图）。果歪斜，椭圆形，紫黑色。花期9～10月，果期翌年3月。

图 3-10　桂花形态特征

【生长习性】

桂花适应于亚热带气候广大地区。性喜温暖湿润气候和微酸性土壤，不耐干旱瘠薄。种植地区平均气温 14～28℃，7月平均气温24～28℃，1月平均气温 0℃以上，能耐最低气温−10℃。湿度对桂花生长发育极为重要，若遇到干旱会影响开花，强日照和荫蔽对其生长不利，一般要求每天 6～8h 光照。

【园林应用前景】

桂花终年常绿，枝繁叶茂，秋季开花，在园林中应用普遍，常作园景树、行道树，可孤植、对植、列植（图 3-11，见彩图）。

【移植与栽培养护】

1. 移植

桂花可用播种、扦插、压条、嫁接等方法繁殖，最常用的是嫁

图 3-11　桂花园林应用

接法。移植常在 3 月中旬至 4 月下旬或秋季花后进行，必要时雨季也可移植。桂花移植时还需进行树冠修剪、拢冠，用草绳包扎主干和大枝。桂花需带土球移植，土球直径是地径的 8～10 倍（独干）或冠径的 1/3～2/5（多干），土球用草绳牢固包扎，具体包扎方法参见第一章第一节。

栽植穴应比土球直径大 60～80cm，深度比土球高度深 30～40cm。桂花栽植时应将树冠生长丰满完好的一侧朝向主要观赏方向。栽植宁浅勿深，以土球露出土表 1/5 为宜（图 3-12）。栽植时土球入穴后，需先设立支架固定，再拆包装物，填土，镇压，围堰，浇足定根水。高温时应搭建荫棚，以防强烈日晒，减少水分蒸发。也可用地膜覆盖树盘，减少土壤水分蒸发，促进根系生长。

2. 肥水管理

栽后根据天气和土壤湿度确定浇水次数和浇水量。雨天可不浇水，干热大风天气，每天早晚都浇水或向树体（树冠和包裹草绳的主干、大枝）喷雾多次，间隔 7～10 天浇透水一次，约 3 个月后树体基本成活。以后每年花前注意灌水，花期控水。桂花喜肥，每年施肥 2 次，11～12 月施基肥，7 月施追肥。

六、油松

【学名】*Pinus tabulaeformis* Carr.

【科属】松科、松属

图 3-12　桂花栽植深度

【产地分布】

油松原产中国。自然分布于辽宁、吉林、内蒙古、河北、河南、山西、陕西、山东、甘肃、宁夏、青海等地。

【形态特征】

油松为常绿乔木，高达 25m，胸径可达 1m 以上；树皮灰褐色或褐灰色，裂成不规则较厚的鳞状块片，裂缝及上部树皮红褐色；枝平展或向下斜展，老树树冠平顶，小枝较粗，褐黄色。针叶 2 针一束，深绿色，粗硬。雄球花圆柱形，在新枝下部聚生成穗状。球果卵形或圆卵形，成熟前绿色（图 3-13，见彩图），熟时淡黄色或淡褐黄色，常宿存树上近数年之久。花期 4～5 月，球果第二年 10 月成熟。

【生长习性】

油松为喜光、深根性树种，喜干冷气候，在土层深厚、排水良好的酸性、中性或钙质黄土上均能生长良好。

【园林应用前景】

油松的主干挺拔苍劲，分枝弯曲多姿，四季常青，树冠层次有别。常种植在人行道内侧或分车带中；或孤植、丛植在园林绿地，亦适宜行纯林群植和混交种植（图 3-14，见彩图）。

图 3-13　油松形态特征

图 3-14　油松园林应用

【移植与栽培养护】

1. 移植

油松常用播种法繁殖。油松小苗移植多采用带宿土、蘸浆丛植的方法（每丛 2~4 株），每丛的株数因不同培育目的有所不同。

油松大树移植需带土球，有条件的地方，可以提前 1 年甚至数年采取断根缩坨处理，促发土球内生成大量吸收根，提高大树移栽的成活率。

油松大树移栽在春、夏、秋三季均可进行，但以秋季为最佳，此时移栽，根系经过 1 个月恢复生长，待翌年春季树上枝叶开始蒸腾时，新长出的根系已经可以吸收水分，从而提高移栽的成活率。

大树移植土球包扎要牢，过大土球可用木箱包装。运输中倾斜放置，在运输车上要做好支架，防止下部枝干折伤，并且要在支架与树干接触处捆绑草绳，保护树干。最好做到随起、随运、随栽，在起、包、运、植的操作过程中，保持苗木水分是非常重要的。

栽植时要求穴大根舒，使土壤与根系紧密接触。要调整树木朝向，在考虑将树木姿态最好的一面朝向观赏面的同时，要充分考虑树木原来的朝向，防止因方向颠倒而灼伤背阴处的树干。定植后设立支架固定树木，立即浇透水一次，以后根据天气情况喷水雾保湿。

2. 肥水管理

肥水管理是保障植株正常生长、抵抗病虫害的重要措施。在移植成活后的一年中，在生长季节平均每 2 个月浇水 1 次；一年施肥 2～3 次，以早春土壤解冻后、春梢旺长期和秋梢生长期施肥较好。

七、雪松

【学名】*Cedrus deodara* (Roxb.) G. Don

【科属】松科、雪松属

【产地分布】

原产于喜马拉雅山脉海拔 1500～3200m 的地带和地中海沿岸海拔 1000～2200m 的地带。北京、大连、青岛、上海、南京、武汉、昆明等地已广泛栽培作庭园树。

【形态特征】

常绿乔木，高达 30m 左右，胸径可达 3m；大枝一般平展，为不规则轮生，小枝略下垂（图 3-15，见彩图）。树皮灰褐色，裂成鳞片，老时剥落。叶在长枝上为螺旋状散生，在短枝上簇生。叶针状，质硬，先端尖细，叶色淡绿至蓝绿。雌雄异株，稀同株，花单生枝顶。球果椭圆形至椭圆状卵形，成熟后种鳞与种子同时散落，种子具翅。花期为 10～11 月，雄球花比雌球花花期早 10 天左右。球果翌年 10 月成熟。

【生长习性】

要求温和凉润气候和土层深厚而排水良好的土壤。喜阳光充足，也稍耐阴。雪松喜年降水量 600～1000ml 的暖温带至中亚热

图 3-15　雪松形态特征

带气候，在中国长江中下游一带生长最好。

【园林用途】

雪松是世界著名的庭园观赏树种之一。它具有较强的防尘、减噪与杀菌能力，也适宜作工矿企业绿化树种。雪松树体高大，树形优美，最适宜孤植于草坪中央、建筑前庭之中心、广场中心或主要建筑物的两旁及园门的入口等处（图3-16，见彩图）。

图 3-16　雪松园林应用

【移植与栽培养护】

　　雪松常用播种和扦插法繁殖，繁殖苗留床 1～2 年后即可移植。移植应在春季进行，必须带土球移植。雪松一般全冠移植，移植前将主干用草绳扎好后，将侧枝拢向主干，以缩小树冠体积，便于运输。待栽植定位后再适当修薄树枝层次，平衡地上部与地下部的生长矛盾。

　　雪松移植时所带土球的大小与好坏是移植成败的关键，大土球有利于提高移植成活率。土球挖掘时遇到直径超过 2cm 的根系，均须剪断或锯断，不能用铁锹硬斩，以防震裂土球，使根系发生松动，将会极大影响移植成活率。

　　栽植穴的直径要比土球大 30～40cm，同时施入基肥。雪松不耐涝，切忌栽植在低洼水湿地带，若地下水位较高，则须设法引水，或行湿球栽植。栽植前，解除土球包扎物，将土分层回填并夯实。为防止土球下沉不均匀而引起树体倾斜，要在土球四周固定 5 根粗 10cm、长 50～60cm 的暗桩，桩头可稍低于土球，并在其顶部用 8 号铁丝以星形绑扎好，以起到垂直固定树体的作用（图 3-17）。另外，在树干 2/3 的高处，设立支架支撑，防止因树干摆动而影响新根生长，这对提高雪松大树移植成活率具有极为重要的意义。

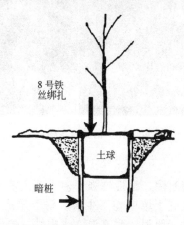

8 号铁丝绑扎

土球

暗桩

图 3-17　大树移植时暗桩固定方法

　　种植后应立即浇水，旱时常向叶面喷水；如灌水后土壤出现洞

穴时，随时填补散土，不可留有空隙。成活后秋季施以有机肥，促进发根，生长期追肥2～3次。

八、侧柏

【学名】*Platycladus orientalis*（L.）Franco

【科属】柏科、侧柏属

【产地分布】

我国大部分地区均有分布。

【形态特征】

常绿乔木，高达20m，胸径1m；树皮薄，浅灰褐色，纵裂成条片；枝条向上伸展或斜展，幼树树冠卵状尖塔形，老树树冠则为广圆形；生鳞叶的小枝细，向上直展或斜展，扁平，排成一平面。叶鳞形，先端微钝。雄球花黄色，卵圆形；雌球花近球形，蓝绿色，被白粉。球果近卵圆形，成熟前近肉质，蓝绿色，被白粉，成熟后木质，开裂，红褐色。花期3～4月，球果10月成熟（图3-18，见彩图）。

图3-18　侧柏形态特征

【生长习性】

喜光，幼时稍耐阴，适应性强，对土壤要求不严，在酸性、中性、石灰性和轻盐碱土壤中均可生长。耐干旱瘠薄，萌芽能力强，耐寒力中等，耐强光照射，耐高温，浅根性，抗风能力较弱。

【园林应用前景】

侧柏在园林绿化中，有着不可或缺的地位，可用于行道、亭园、大门两侧、绿地周围、路边花坛及墙垣内外，均极美观。小苗可做绿篱、隔离带围墙点缀。其耐污染性、耐寒性、耐干旱，是绿化道路、荒山的首选苗木之一（图3-19，见彩图）。

图3-19　侧柏园林应用

【移植与栽培养护】

　　侧柏主要用播种法繁殖，苗木多2年出圃，春季移植。有时为了培养绿化大苗，尚需经过2～3次移植，培养成根系发达、冠形优美的大苗后再出圃栽植。大苗以早春3～4月带土球移植成活率较高，一般可达95%以上。移植后要及时灌水，每次灌透，待墒情适宜时及时中耕松土、除草、追肥。

九、榕树

【学名】*Ficus microcarpa* Linn.

【科属】桑科、榕属

【产地分布】

分布于台湾、浙江、福建、广东、广西、湖北、贵州、云南等。

【形态特征】

常绿大乔木，高达15～25m，胸径达50cm，冠幅广展；老树常有锈褐色气生根（图 3-20，见彩图）。树皮深灰色。叶薄革质，狭椭圆形，先端钝尖，基部楔形，表面深绿色，干后深褐色，有光泽，全缘，基生叶脉延长，侧脉 3～10 对；无毛；托叶小，披针形。榕果成熟时黄色或微红色，扁球形；雄花、雌花、瘿花同生于一榕果内，瘦果卵圆形。花期 5～6 月。

图 3-20 榕树形态特征

【生长习性】

喜阳光充足、温暖湿润气候，不耐旱，怕烈日曝晒。不耐寒，除华南地区外多作盆栽。对土壤要求不严，在微酸性和微碱性土壤中均能生长。

【园林用途】

榕树四季常青，树冠浓密，叶色深绿，耐修剪；能大量吸收噪声，极耐污染。气生根得天独厚，姿态优美，具有较高的观赏价值和良好的生态效果，广栽于南方各地。常用作行道树，亦可孤植或丛植于园林绿地、庭园（图 3-21，见彩图）。

【移植与栽培养护】

主要用扦插法繁殖，南方可于早春在温室内扦插，多在雨季于露地苗床扦插。移植在春季萌芽前进行较好，大树必须带土球移植。大树移植土球包扎要牢，过大土球可用木箱包装，最好做到随起、随运、随栽，在起、包、运、植的操作过程中，注意保持苗木水分。榕树移植"三分种，七分养"，在移植后 1～3 年内日常养护

图 3-21　榕树园林应用

管理很重要，尤其是移植后的第 1 年管理更为重要，主要工作是支撑、浇水、喷水、输液、搭棚遮阴等。

1. 草绳包扎树干

起苗前将主干和一级主枝部分用湿草绳缠绕，减少水分蒸发，同时也可预防移植后日灼和冬天防冻，草绳待第二年解除。

2. 浇水和喷水

大树移植后，必须设立支架稳固苗木，再立即浇一次透水，待 2～3 天后，浇第二次水，过 1 周后浇第三次水，以后应视土壤墒情浇水，每次浇水要浇透，表土干后要及时进行中耕。除正常浇水外，在夏季高温季节还应经常向树冠和树干缠绕的草绳喷水，一般每天要喷 4～5 次水，每次喷水，以喷湿草绳且不滴水、不流水为度，以免造成根部积水，影响根系的呼吸和生长，使根部土壤保持湿润状态既可。

3. 输液

大树移植根系受伤，吸收能力差，土壤灌水很难维持水分平衡，采用向树体输液给水的方法，即用特定的器械把水分直接输入树体木质部，可确保树体获得必要的水分，从而有效提高大树移植的成活率。

4. 搭棚遮阴

夏季气温高，树体蒸腾作用强，为了减少树体水分散失，应搭建遮阴棚减弱蒸腾，并防止强烈日晒。注意大树遮阴不能直接接触树体，必须与树体保持 50cm 的距离，保证棚内空气流通，以免影响成活率。

5. 促进根部土壤透气

大树栽植后，根部良好的土壤通透条件，能够促进伤口的愈合和促生新根。大树根部透气性差，如栽植过深、土球覆土过厚、土壤黏重、根部积水等因素会影响根系的呼吸、吸收，导致植株脱水萎蔫，严重的出现烂根死亡。为防止根部积水，改善土壤通透条件，促进生根，可采用以下措施。

（1）设置通气管　在土球外围 5cm 处斜放入 6～8 根 PVC 管，管上要打无数个小孔，以利透气，平时注意检查管内是否堵塞。

（2）开沟、换土　对于透气性差、易积水板结的黏重土壤如黏壤土，可在土球外围 20～30cm 处开一条深沟，开沟时尽量不要造成土球外围一圈的保护土震动掉落，然后将透气性和保水性好的珍珠岩填入沟内，填至与地面相平。

十、棕榈

【学名】*Trachycarpus fortunei*（Hook.）H. Wendl.

【科属】棕榈科、棕榈属

【主要产区】

原产于中国，在中国分布很广，北起陕西南部，南到广西、广东和云南，西达西藏边界，东至上海和浙江。从长江出海口，沿着长江上游两岸 500km 广阔地带分布最广。

【形态特征】

别名棕树、山棕。常绿乔木，高达 15m。无主根，须根密集。

干圆柱形，直立，不分枝，干有残存不脱落的老叶柄基部，并被暗棕色的叶鞘纤维包裹。叶大，簇生于树干顶端，掌状分裂成多数狭长的裂片，裂片坚硬，顶端浅二裂，叶柄极长。花雌雄异株，淡黄色，肉穗花序，排列成圆锥花序（图 3-22，见彩图）。核果肾形，初为青色，熟时黑褐色。花期 5 月，果期 11~12 月。

图 3-22　棕榈形态特征

【生长习性】

喜温暖、湿润气候，是棕榈科中最耐寒的植物，成年树可耐 -7.1℃低温。喜阳亦耐阴，野生棕榈往往生长在林下和林缘，有较强的耐阴能力，幼苗则更耐阴。喜肥沃、湿润、排水良好的中性、石灰性或酸性黏性壤土。

【园林用途】

棕榈挺拔秀丽，适应性强，能抗多种有毒气体，系绿化优良树种。可列植、丛植或成片栽植（图 3-23，见彩图），也常用盆栽或桶栽作室内或建筑前装饰及布置会场之用。

【移植与栽培养护】

1. 移植

棕榈多采用播种繁殖。选择土壤潮湿肥沃、排水良好的地块种植，低洼地、重黏土、过酸过碱土、土层浅的不宜栽植。棕榈浅根性，无主根，易受风害，应植于背风处。做行道树的株距要在 3m 以上。棕榈于春秋两季带土球移植，尽量避免冬夏两季移植。

（1）移植前枝干保护和修剪　移植时要特别注意保护茎的生长

图 3-23 棕榈园林中应用

点，不可折断或受到伤害。用麻袋或稻草包扎树干，并结合修剪叶片，去除老叶、下垂叶片，根据树势保留的叶片可剪去上部的1/5～1/3，尽量减少水分蒸发。

（2）减少根群的损伤 靠近根尖附近，植物组织较幼嫩，侧根及毛细根也较多，因此在起挖时应尽可能带大土球，并在施工过程中防止土球松散和开裂，尽量保护根系，提高移植的成活率。

（3）穴内换土 在定植时应开挖足够大的种植穴，并在种植穴内加入泥炭土，增加土壤的透气性，利于根系生长，可提高移植成活率。

2. 栽培养护

棕榈幼年阶段生长十分缓慢，且要求适当的荫蔽。年生长过程生长量小，速生期不够明显。移植时穴底施腐熟的土杂粪，移栽后，每2～3年施一次腐熟有机肥，注意排水防渍，以防引起烂根死亡。注意及时清除树干上的苔藓、地衣、藤蔓等，及时修剪下部枯叶，保持株形美观。

第二节 落叶乔木的移植与栽培养护

一、垂柳

【学名】*Salix babylonica*
【科属】杨柳科、柳属

【产地分布】

产于长江流域与黄河流域，其他各地均栽培，在亚洲、欧洲、美洲各国均有引种。

【形态特征】

落叶乔木，高达 12～18m，树冠开展而疏散。树皮灰黑色，不规则开裂；枝细，下垂。叶狭披针形或线状披针形（图 3-24，见彩图），先端长渐尖，基部楔形，两面无毛或微有毛，上面绿色，下面色较淡，叶缘有细锯齿。花序先叶开放，或与叶同时开放；雌雄异株，雄花柔黄花序。花期 3～4 月，果期 4～5 月。

图 3-24 垂柳形态特征

【生长习性】

垂柳喜光，喜温暖湿润气候及潮湿深厚之酸性及中性土壤。较耐寒，特耐水湿，但亦能生于土层深厚之高燥地区。萌芽力强，根系发达，生长迅速。对有毒气体有一定的抗性，并能吸收二氧化硫。

【园林应用前景】

最宜配植在水边如桥头、池畔、河流、湖泊等水系沿岸处（图 3-25，见彩图），也可作庭荫树、行道树、公路树，亦适用于工厂绿化，还是固堤护岸的重要树种。

【移植与栽培养护】

1. **移植**

垂柳因柳絮繁多，城市行道树以选择雄株为好，多用雄株的健

图 3-25 垂柳园林应用

壮枝条扦插繁殖。移植应在落叶后至早春萌芽前进行一般裸根移植。

（1）起苗 对胸径 10cm 的柳树，在地面以胸径的 8～10 倍为直径画圆断侧根，再在侧根以下 40～50cm 处切断主根，打碎土球，起出苗木，注意尽量少伤细根。要随起、随运、随栽植。栽前要注意修整根系。

（2）修剪 栽植前进行树冠修剪，一般保留 2～3 级分枝，四周保持长短基本一致，使树冠整齐。树冠修剪要随栽随截，不宜留过长的侧枝。修剪后要对剪口涂保护剂。

（3）定植 穴中先填 15～20cm 厚的松土，然后将苗木直立放于穴中，使基部略下沉 5～10cm，以求稳固。在四周均匀填土，随填随夯实。填至距地面 8～10cm 时开始做堰，堰高不低于 20cm，并设支架稳固树体。

（4）浇水 定植后及时浇透水，第三日再浇第二遍水，第七日浇第三遍水，水下渗后封堰。天气过于干燥时，过 10～15 天仍需开堰浇水。

2. 肥水管理

垂柳生长迅速，需大量的水分、肥料，所以应勤施肥，多浇水。

二、毛白杨

【学名】*Populus tomentosa*

【科属】杨柳科、杨属

【产地分布】

分布广泛，在辽宁（南部）、河北、山东、山西、陕西、甘肃、河南、安徽、江苏、浙江等地均有分布，以黄河流域中、下游为中心分布区。

【形态特征】

落叶大乔木，高达 30～40m，树冠卵圆锥形。树皮幼时青白色，渐变为暗灰色；皮孔菱形。叶阔卵形或三角状卵形，边缘有波状缺刻或锯齿，上面暗绿色，光滑，下面密生毡毛（图 3-26，见彩图）。雄花柔荑花序，长 10～14cm，雌株大枝较为平展，花芽小而稀疏；雄株大枝多斜生，花芽多而密集。花期 3 月，叶前开放；蒴果小，4 月成熟。

图 3-26　毛白杨形态特征

【生长习性】

毛白杨抗寒性较强，喜光，不耐阴，喜湿润、深厚、肥沃的土壤，对土壤的适应性较强。在水肥条件充足的地方生长最快，20年即可成材，是中国速生树种之一。

【园林应用前景】

毛白杨生长快，树干通直挺拔，枝叶茂密，常用作行道树、园路树、庭荫树或营造防护林；可孤植、丛植、群植于建筑周围、草坪、广场、水滨（图3-27，见彩图）。

图3-27　毛白杨园林应用

【移植与栽培养护】

毛白杨可用播种、扦插、埋条、留根、嫁接等繁殖方法育苗。移栽宜在早春或晚秋进行，大苗要带土球移植。土球大小以树胸径而定，胸径在10cm以下的土球直径不少于40cm；胸径在11～15cm的，土球直径一般不少于80cm。栽植穴要大，穴内施2kg复合肥。栽植前适当疏枝，一般都要求疏掉30%～40%，留下的枝要短截，一般剪去30～40cm。树干一般要用草绳从地面缠至第一分枝处，起吊、运输的全过程要避免损伤树干和树皮。3年生以上毛白杨生长快，喜大肥大水，应加强肥水管理。

三、中华红叶杨

【学名】*Populus nigra* cv. *Zhonghuahongye*

【科属】杨柳科、杨属

【产地分布】

中华红叶杨适应区域广，在山西、福建、新疆、内蒙古、黑龙江、河南等地均种植成功，最适合中国"三北"地区种植；但在广东、云南、四川、西藏等地已有少量种植，生长表现较好，且性状稳定。

【形态特征】

中华红叶杨是中林 2025 杨的芽变品种，它填补了世界杨树育种的一项空白。为高大彩色落叶乔木，速生，树体高大、宽冠，树干通直、挺拔。单叶互生，雄性无飞絮，适应性强。中华红叶杨二代（全红杨）的颜色自萌芽至落叶为紫红色、红色。中华红霞杨是中华红叶杨的第三代，最为显著的直观特征是：叶片、叶柄、叶脉、苗及枝干均为鲜亮的玫瑰红色，十分绚丽。观赏效果明显优于红叶一代和二代（图 3-28，见彩图）。

红叶杨一代　　　　红叶杨二代　　　　红叶杨三代

图 3-28　中华红叶杨形态特征

【生长习性】

中华红叶杨具有较强的抗虫、抗病、抗涝性。根系发达，活力强，根扎得深，耐干旱、耐水渍能力强，耐 -35℃ 低温。适应性强，适栽地广，最适合中国"三北"地区种植。

【园林应用前景】

一般正常年份，在 3 月 20 日前后展叶，叶片呈玫瑰红色（图 3-29，见彩图），可持续到 6 月下旬，7～9 月变为紫绿色，10 月为暗绿色，11 月变为杏黄或金黄色，为高档次的园林树种。中华红

图 3-29　中华红叶杨园林应用

叶杨为速生杨，生长速度快，易于快速育成大规格工程苗。中华红叶杨不会形成飞絮，所以不会对空气造成污染。

【移植与栽培养护】

1. 移植

中华红叶杨主要用扦插和嫁接法繁殖。早春晚秋温度低，中华红叶杨苗木处于休眠期，蒸腾量小，此时移植容易成活。休眠期大多裸根移植，生长季移栽最好带母土土球。最好选择在连阴天或降雨前后移植，晴天应在清早或下午进行，避开中午烈日照晒。就近移植，随挖随栽。若为远途迁移，苗木掘出之后，立即用吸水的草帘、织物包裹住，并视运输距离、运输环境和工具、天气状况随时洒水保湿。

中华红叶杨速生，冠幅较大，为缓解移植后苗木根与冠之间的矛盾，要把地面上的枝叶相应缩减。萌芽力强的二代红叶杨移植前可以截去全部冠幅，只留主干；萌芽力弱的可以去掉冠幅的2/3。这样减少叶片，可减轻蒸腾作用，有利于提高成活率。修剪创伤面用油漆、接蜡封口，或用塑料膜包裹。在移植树体上方搭荫棚，或在来光侧放设荫障，形成阴凉湿润的环境，避免风吹日晒。

2. 肥水管理

为提高移植成活率，采用带土球移植或利用美植袋育苗，有利于苗木恢复生长。中华红叶杨苗木生长旺季温度高，蒸发与蒸腾量大，除定植时灌足水外，还要经常给树体喷水和根部灌水。干旱缺水地区，定植时可在封填土中添加保水剂，有助于节水和提高移植成活率。移植之后各项管护措施要得力，设主支架，适时灌水，施肥、除草、松土、防治病虫害，剪除多余萌生枝条。

四、龙爪槐

【学名】*Sophora japonica*

【科属】豆科、槐属

【产地分布】

原产中国，现南北各省区广泛栽培，华北和黄土高原地区尤为多见。

【形态特征】

龙爪槐是国槐的芽变品种，落叶乔木，高达 25m，小枝柔软下垂，树冠常呈伞状。羽状复叶，小叶 4～7 对，对生或近互生，纸质，卵状披针形或卵状长圆形，先端渐尖，基部宽楔形或近圆形。圆锥花序顶生，常呈金字塔形；花冠白色或淡黄色（图 3-30，见彩图）。荚果串珠状，具肉质果皮，成熟后不开裂。花期 7～8

图 3-30 龙爪槐形态特征

月，果期 8～10 月。

【生长习性】

龙爪槐喜光，稍耐阴，能适应干冷气候。喜生于土层深厚、湿润肥沃、排水良好的沙质壤土。龙爪槐深根性，根系发达，抗风力强，萌芽力亦强，寿命长；对二氧化硫、氟化氢、氯气等有毒气体及烟尘有一定抗性。

【园林应用前景】

龙爪槐姿态优美，是优良的园林树种，宜孤植、对植、列植、观赏价值高，故园林绿化应用较多，常植于门庭、道旁、草坪中；或作庭荫树观赏（图 3-31，见彩图）。

图 3-31　龙爪槐园林应用

【移植与栽培养护】

龙爪槐常用胸径 5～10cm 的国槐作砧木高接繁殖，高接是用高大的砧木进行嫁接，一般嫁接部位在 1.5～2.0m，高接可以达到特殊的、理想的效果。栽培以湿润、排水良好的壤土或沙质壤土为佳。龙爪槐移植宜在春季萌芽前进行，小苗可裸根蘸泥浆移植，大苗需带土球移植。移植前对树冠进行修剪，并用草绳裹干。栽植后设支架稳固树体，并及时浇透水。生长盛期每 1～2 个月施肥 1 次，冬季落叶后整形修剪。

五、黄葛树

【学名】*Ficus virens* Ait. var. *sublanceolata*（Miq.）

【科属】桑科、榕属

【产地分布】

分布于重庆、广东、海南、广西、陕西、湖北、四川、贵州、云南。

【形态特征】

黄葛树属高大落叶乔木，树高 15～20m，胸围达 3～5m。其茎干粗壮，树形奇特，板根延伸达 10m 外，支柱根形成对干，枝叶茂密。叶互生，叶片油绿光亮；托叶广卵形，急尖，叶片纸质，长椭圆形或近披针形，先端短渐尖，基部钝或圆开，全缘。果生于叶腋，球形，黄色或紫红色（图 3-32，见彩图）。花期 5～8 月，果期 8～11 月。

图 3-32 黄葛树形态特征

【生长习性】

黄葛树喜光，有气生根。生于疏林中或溪边湿地，为阳性树种，喜温暖、高温湿润气候，耐旱而不耐寒，耐寒性比榕树稍强。黄葛树抗风，抗大气污染，耐瘠薄，对土质要求不严，生长迅速，萌发力强，易栽植。

【园林应用前景】

适宜栽植于公园湖畔、草坪、河岸边、风景区，可孤植或群植造景，提供人们游憩、纳凉的场所，也可用作行道树（图 3-33，见彩图）。

【移植与栽培养护】

一般来说黄葛树移植应选蒸腾量小、水分代谢平衡、有利于根系及时恢复生长的时期。早春和晚秋是黄葛树移植成活率较高的时

图 3-33　黄葛树园林应用

期，然而现在为了赶工程，反季节移植大树逐年增多，在高温和寒冷季节提高黄葛树移植成活率的措施很关键。

1. 移植前黄葛树的处理

黄葛树移植前剪去枝条的 1/3 即可，粗度 2cm 以上枝条的剪口应涂抹保护剂。移植前树干用草绳包裹，一般从根茎至分枝点处，可减少水分蒸发，避免移植过程的擦伤。定植后可剪去移植过程中的折断枝或过密枝、重叠枝、轮生枝、下垂枝、徒长枝、病虫枝等。

2. 树木的挖掘

挖掘前用适当的绳索固定树体以确保安全，然后以树干为中心，以黄葛树胸径的 4～5 倍为半径画圆，在圆圈外开沟挖掘，沟宽 60～80cm，挖掘过程中对于细小毛根可用利铲直接铲断，对于粗根必须用手锯锯断，切忌用刀铲硬砍，避免撕裂根系。土球规格一般为干径 1.3m 处的 7～10 倍，高度一般为土球直径的 2/3 左右，挖到土球高度的一半时逐渐收底，最后形成上大下小的土球。挖掘完成后对土球进一步修整，使土球光滑便于包扎。对土球和根系伤口进行消毒处理，消毒处理完成后用浸湿的草绳细致包扎土球，具体包扎方法参见第一章第一节。

3. 吊装运输

黄葛树吊装前对树冠进行必要的修剪绑缚，便于吊装运输。对树干吊装绑缚处用草绳等柔软物体包扎保护，吊装过程中注意避免损伤树皮和碰散土球。黄葛树吊入汽车后树冠向后，土球下垫土或草绳等柔软物体，土球两边用土或沙袋垫住，用绳子将土球固定。树干包裹柔软材料后放在木架上，用绳子固定，注意树冠不能拖地。在运输途中注意喷水保湿，并遮阴防止水分损失过多。

4. 栽植

种植穴直径应大于土球直径 40～50cm，深度大于土球高度 20～30cm，四周光滑。穴挖好后在底部垫 20～30cm 的种植土，种植穴消毒后，起吊黄葛树入穴，扶正树冠，调整黄葛树朝向和种植深度合适后填入一部分土，固定黄葛树后去除土球包扎物，然后分层填土压实，填土至土球 2/3 处立支撑，支撑牢固后浇水，水一定浇透，水渗下后再填土埋住全部土球。

5. 养护

移植后 1 年内的养护管理，这是黄葛树移植成功与否的关键所在。

（1）树干包扎喷水保湿　树干包扎草绳，避免强阳光直射和干热风吹袭，减少树体水分蒸发。炎热的夏季可往草绳和树体上喷水，调节枝干温、湿度。喷水时一定喷匀，避免水滴下使根部积水。

（2）搭棚遮阴　夏季气温高，树体蒸腾强烈，应及时搭遮阴棚减弱蒸腾。但注意不能遮阴过严，一般遮阴 70% 左右，让树体接受一定的散射光，保证树体的光合作用。荫棚距离树体一般 50cm 左右，保持棚下空气流通，防止日灼危害。

（3）土壤水分管理　黄葛树移植后根系受损，吸水能力减弱，浇水一定要慎重，定植第一次浇透水后，隔 1 天浇第二水，以后视天气情况和土壤含水量严格分析，谨慎浇水。雨水多的地区要防止树穴积水，浇水后填平种植穴，使其略高于周围土面。地势低洼易积水的要挖排水沟，保证不积水。不能挖排水沟的可在土球周围埋上几个 PVC 管，管上打许多小孔，平时注意检查小孔是否堵塞，管内有了积水及时抽走。这样既排除了积水，又增了土壤的透气性。土表变干后及时中耕，若土壤含水量过大可深翻处理。

（4）防冻处理　新植黄葛树易受低温危害，入秋以后注意减少氮肥施用，同时增加磷钾肥。根据树木生长情况逐步撤除荫棚，提高光照强度，加强树体光合作用强度，提高树体根系和枝条的

木质化程度，提高黄葛树本身的抗寒能力，并及时对树干涂白。冬季寒潮来临前，采取覆土、覆盖、设立风障等方法加以防寒保护。

六、流苏树

【学名】*Chionanthus retusus*

【科属】木犀科、流苏树属

【产地分布】

产于甘肃、陕西、山西、河北、河南以南至云南、四川、广东、福建、台湾，各地有栽培。

【形态特征】

别名流疏树、茶叶树、四月雪等。落叶乔木或灌木，高可达20m。小枝灰褐色或黑灰色，圆柱形，开展，幼枝淡黄色或褐色。叶片革质或薄革质，长圆形、椭圆形或圆形，有时卵形或倒卵形至倒卵状披针形，全缘或有小锯齿，叶缘稍反卷。聚伞状圆锥花序，顶生于枝端，单性而雌雄异株或为两性花；花冠白色，4深裂（图3-34，见彩图）。果椭圆形，被白粉，呈蓝黑色或黑色。花期3～6月，果期6～11月。

图3-34 流苏树形态特征

【生长习性】

流苏树喜光，也较耐阴；喜温暖气候，也颇耐寒；喜中性及微酸性土壤，耐干旱瘠薄，不耐水涝。

【园林应用前景】

流苏树适应性强，寿命长，成年树植株高大优美、枝叶繁茂，花期如雪压树，且花形纤细，秀丽可爱，气味芳香，是优良的园林观赏树种，不论点缀、群植、列植均具很好的观赏效果。既可于草坪中丛植，也宜于路旁、林缘、水畔、建筑物周围散植（图3-35，见彩图）。

图 3-35 流苏树园林应用

【移植与栽培养护】

流苏树可采取播种、扦插和嫁接等方法繁殖，播种繁殖和扦插繁殖简便易行，且一次可获得大量种苗，故最为常用。苗木移栽宜在春、秋两季进行，小苗与中等苗需带宿土移栽，大苗带土球。

流苏树栽植的头三年，要加强水肥管理。栽植时要施入经腐熟发酵的牛、马粪肥作基肥，基肥与栽植土充分拌匀，并施用一次氮肥以提高植株长势，秋末结合浇防冻水施一次腐叶肥或芝麻酱渣。翌年5月初施一次氮肥，8月初施用一次磷钾肥，秋末施一次半腐熟发酵的牛、马粪肥，第三年可按第二年的方法进行施肥。从第四年起，只需每年秋末施一次足量的牛、马粪肥即可。

流苏树喜湿润环境，栽植后应马上浇透水，5天后浇第二次透水，再过5天浇第三次透水，此后每月浇一次透水。雨季可不浇水或少浇水，大雨后还应及时将积水排除。秋末要浇好防冻水。翌年3月初及时浇返青水。北方春季干旱少雨，风大且持续时间长，4月上旬和中旬要各浇一次透水。第三年可按第二年的方法进行浇水，第四年后每年除浇好封冻水和返青水外，天气干旱降水不足时也应及时浇水。

七、二球悬铃木

【学名】*Platanus acerifolia* Willd.

【科属】悬铃木科、悬铃木属

【产地分布】

原产欧洲，印度、小亚细亚亦有分布，现广植于世界各地。中国东北、华中及华南地区均有引种。

【形态特征】

别名英国梧桐、槭叶悬铃木，落叶大乔木，高 30 余米，树皮薄片状不规则剥落，皮内淡绿白色，平滑；嫩枝叶密，被褐黄色星状毛。叶大如掌，3～5 裂，中裂片长、宽近相等，叶缘有不规则大尖齿。雌雄同株，头状花序，果球形，常 2 个生于 1 个果柄上（图 3-36，见彩图）。花期 4～5 月；果期 9～10 月。

图 3-36 二球悬铃木形态特征

【生长习性】

二球悬铃木喜光，喜湿润温暖气候，较耐寒，不耐阴。适生于微酸性或中性、排水良好的土壤，在微碱性土壤中虽能生长，但易发生黄化。抗空气污染能力较强，叶片具有吸收有毒气体和滞积灰尘的作用。

【园林应用前景】

二球悬铃木是世界著名的城市绿化树种、优良庭荫树和行道树，有"行道树之王"之称，以其生长迅速、株形美观、适应性较强等特点广泛分布于全球的各个城市（图 3-37，见彩图）。

图 3-37　二球悬铃木园林应用

【移植与栽培养护】

悬铃木常用扦插和播种两种形式育苗。栽植时选择微酸性或中性、排水良好的土壤，在微碱性土壤中虽能生长，但易发生黄化。悬铃木栽植成活率高，移植宜在秋季落叶后至春季萌芽前进行，可裸根移植。挖掘时粗大的骨干根用手锯锯断，可采用吊车协作完成，以提高移栽工效。为防止根系失水，应做好蘸浆和覆盖工作。悬铃木根系浅，不耐积水，注意栽植地的地下水位高低。

悬铃木的大树移栽，虽然成活率较高，管理也比较粗放，但为了尽快恢复树体萌芽、生长，也应提供较好的栽植措施。栽植穴的直径应比根系生长范围大 30～40cm，深度 60～80cm，保证根系舒展、不窝根。在栽植前将劈裂的伤根修剪好，栽植穴的土壤以疏松、肥沃最为理想。栽植后立即浇一次水，为抵御夏季高温伤害，用草绳裹干至一级分枝点，每天喷水 2 次，以减少水分蒸腾，预防日灼。

悬铃木生长速率快，萌枝能力较强，可采用截枝、截干式移植，保留主干或树冠的一级分枝，其余树冠全部截去。截口应保持平滑并及时用调和漆涂抹，防止伤口腐烂。悬铃木移植成活后，截口部位萌生枝条较多，冬季修剪时应注意选留方向性好、生长健壮的枝条 5～8 根，以供来年定冠选择。

八、银杏

【学名】*Ginkgo biloba* L.

【科属】银杏科、银杏属

【产地分布】

银杏的栽培区甚广，北自东北沈阳，南达广州，东起华东海拔 40～1000m 地带，西南至贵州、云南西部（腾冲）海拔 2000m 以下地带均有栽培。

【形态特征】

落叶乔木，高达 40m，胸径可达 4m。叶扇形，有长柄，淡绿色，在短枝上常具波状缺刻，在长枝上常 2 裂，幼树及萌生枝上的叶常深裂。叶在一年生长枝上螺旋状散生，在短枝上 3～8 叶呈簇生状，秋季落叶前变为黄色。花雌雄异株，稀同株。种子具长梗，下垂，常为椭圆形、长倒卵形、卵圆形或近圆球形（图 3-38，见彩图）。花期 4 月，果期 10 月。

图 3-38　银杏形态特征

【生长习性】

银杏为阳性树，喜适当湿润而排水良好的深厚壤土，适于生长在水热条件比较优越的亚热带季风区。在酸性土、石灰性土中均可生长良好，而以中性或微酸性土最适宜，不耐积水之地，较能耐旱，但在过于干燥处及多石山坡或低湿之地生长不良。

【园林应用前景】

由于银杏树体高大，秋季落叶前变为黄色，常作为行道树，或庭院孤植观赏（图 3-39，见彩图）。

图 3-39　银杏园林应用

【移植与栽培养护】

1. 移植

银杏可用播种、扦插、嫁接、分株法育苗。银杏喜光、寿命长，应选择土层厚、土壤湿润肥沃、排水良好的中性或微酸性土。银杏可裸根栽植，6cm 以上的大苗要带土球栽植。北方地区以秋季带叶栽植及春季发叶前栽植为主，秋栽比春栽好。秋季栽植在 10～11 月进行，可使苗木根系有较长的恢复期，为第二年春地上部发芽做好准备。南方地区最好能选择在梅雨季节移植，因这时雨水较多，空气湿度比较大，树体水分的蒸发量相对较少，移栽后树体较易成活。

银杏大树移植成活的关键是地下的水分吸收与地上蒸发是否平衡，因此，合理的修剪是大树移植成活的重要因素。修剪强度应根据树木规格、移植季节、土球大小、运输条件等来确定，一般留主枝、一级侧枝和部分二级侧枝。主干和大主枝要用草绳包裹，减少失水和防止吊运过程损伤树皮。

为提高银杏树的移栽成活率，促使根系伤口早日愈合，早生新根，移栽前，要对银杏树体进行促生根处理。方法是用 25～50mg/kg ABT6 号生根粉或 ABT10 号生根粉对挖掘好的银杏大树

土球进行灌根处理，使土球充分湿润。为保证药效，灌根后应保持2h 左右再行栽植。

大树移植要力争随起随栽，树穴要比土球大 30～50cm，深度比土球高度深20cm。大树入穴后，扶正，并摆正方向（保持原来的朝向），拆除包扎物，填入混合有机肥的土壤，边填边踏实，填至穴深度 2/3 时，浇一次透水，待水渗下后再填土至高出根茎15cm，此时不宜踏实，影响根系生长。

大树移植后要设立支架固定，防止树干摇动、侧倒。高温季节，要搭荫棚遮阴，并向树冠和包裹草绳的主干喷水，减少树体水分蒸发。

2. 肥水管理

银杏移植初期，根系吸收能力差，宜采用叶面喷肥，可用0.5%～1%尿素或磷酸二氢钾，早晚或阴天叶面喷施，半个月左右一次。当新梢长到 10cm 左右时，新根发出，可进行土壤施肥，要求薄肥勤施。一般银杏大苗春季沟施有机肥，8 月可追肥 1 次。银杏无需经常灌水，一般土壤结冻前灌水 1 次，5 月和 8 月是银杏的旺盛生长期，天气干旱可各灌水 1 次。

九、泡桐

【学名】*Paulownia tomentosa*
【科属】玄参科、泡桐属
【产地分布】
泡桐属植物均产我国，除东北北部、内蒙古、新疆北部、西藏等地区外全国均有分布。
【形态特征】
落叶乔木，但在热带为常绿树种。树冠圆锥形、伞形或近圆柱形，幼时树皮平滑而具显著皮孔，老时纵裂；通常假二歧分枝，枝对生，常无顶芽；除老枝外全体均被毛。叶对生，大而有长柄，生长旺盛的新枝上有时 3 枚轮生，心脏形至长卵状心脏形，全缘、波状或 3～5 浅裂。花朵成小聚伞花序，花冠大，紫色或白色，花冠漏斗状钟形至管状漏斗形。蒴果卵圆形、卵状椭圆形、椭圆形或长圆形（图 3-40，见彩图）。花期 4～5 月，果期 10 月左右。

图 3-40　泡桐形态特征

【生长习性】

泡桐是阳性树种，最适宜生长于排水良好、土层深厚、通气性好的沙壤土或砂砾土，喜土壤湿润肥沃，以 pH 6～8 为好，对镁、钙、锶等元素有选择吸收的倾向，因此要多施氮肥，增施镁、钙、磷肥。适应性较强，能耐—25～—20℃的低温，但忌积水。

【园林应用前景】

泡桐树态优美，花色绚丽，叶片分泌液能净化空气，常用于城市绿地、道路、工矿区等的绿化，既供观赏，又可改善生态环境（图 3-41，见彩图）。

图 3-41　泡桐园林应用

【移植与栽培养护】

泡桐繁殖容易，常用播种法和根插法繁殖。春秋两季均可移植，但以春季为好。苗木可裸根移植，定植后应裹干或树干刷白以

防日灼。泡桐管理粗放，但喜土壤湿润肥沃，多施氮肥，增施镁、钙、磷肥有利于其生长。泡桐适应性较强，在较瘠薄的低山、丘陵或平原地区也均能生长，但忌积水。

十、合欢

【学名】*Albizia julibrissin* Durazz.

【科属】豆科、合欢属

【产地分布】

分布于华东、华南、西南以及辽宁、河北、河南、陕西等地。

【形态特征】

别名绒花树、夜合花。落叶乔木，高可达 16m，树冠开展；二回羽状复叶，羽片 4～12 对，栽培的有时达 20 对；小叶 10～30 对。花序头状，多数伞房状排列，腋生或顶生；花冠漏斗状，5 裂，淡红色；雄蕊多数而细长，雄蕊花丝犹如缕状，基部连合，半白半红，形似绒球，清香袭人（图 3-42，见彩图）；荚果扁平带状，长 9～15cm。花期 6～7 月，果期 9～11 月。

图 3-42　合欢形态特征

【生长习性】

合欢性喜光，喜温暖湿润和阳光充足的环境，对气候和土壤适应性强，喜排水良好、肥沃土壤，但也耐瘠薄土壤及轻度盐碱和干旱气候，但不耐水涝。对二氧化硫、氯化氢等有害气体有较强的抗性。

【园林应用前景】

合欢花叶清奇，绿荫如伞，作绿荫树、行道树，或栽植于庭园、水池畔等。在城市绿化中孤植或群植于小区、庭院、路边、建筑物前（图 3-43，见彩图）。

图 3-43 合欢园林应用

【移植与栽培养护】

合欢常采用播种繁殖。小苗可在萌芽之前裸根移栽，大苗宜在春季萌芽前和秋季落叶之后带土球移栽，栽植穴内以堆肥作底肥。合欢根系浅，主干纤细，移栽时应小心细致，注意保护根系；大苗要设立支架，以防被风吹倒或歪斜。

栽植后要及时浇水，干旱地区定植后要增加浇水次数，且每次要浇透。每年秋末冬初时节施入基肥，促使来年生长繁茂，着花更盛；生长季可适当追施复合肥。合欢幼树怕积水，雨季注意排水。

十一、七叶树

【学名】*Aesculus chinensis*

【科属】七叶树科、七叶树属

【产地分布】

中国黄河流域及东部各省均有栽培，仅秦岭有野生；自然分布在海拔 700m 以下之山地。

【形态特征】

落叶乔木，高达 25m。叶掌状复叶，由 5～7 小叶组成，小叶纸质，长圆披针形至长圆倒披针形，稀长椭圆形，先端短锐尖，深绿色。花序圆筒形，小花序常由 5～10 朵花组成，平斜向伸展（图 3-44，见彩图）。花杂性，雄花与两性花同株，花瓣 4，白色，长

图 3-44 七叶树形态特征

圆倒卵形至长圆倒披针形。果实球形或倒卵圆形，黄褐色；种子常
1～2 粒发育，近于球形，栗褐色。花期 4～5 月，果期 10 月。

【生长习性】

七叶树喜光，稍耐阴；喜温暖气候，也能耐寒；喜深厚、肥
沃、湿润而排水良好之土壤。深根性，萌芽力强；生长速度中等
偏慢，寿命长。七叶树在炎热的夏季叶子易遭日灼。七叶树属植
物多具毒性，我国约两种有毒。它们的枝、叶和种子均易引起人
和牲畜的中毒以致死亡，尤其是嫩叶和坚果毒性较大。中毒后主
要出现胃肠道和中枢神经系统症状，如呕吐、精神错乱和运动失
调等。

【园林应用前景】

七叶树树形优美、花大秀丽、果形奇特，是观叶、观花、观果
不可多得的树种，为世界著名的观赏树种之一。树干耸直，冠大阴
浓，是优良的行道树和园林观赏植物，可作人行步道、公园、广场
绿化树种，既可孤植，也可群植，或与常绿树和阔叶树混种（图
3-45，见彩图）。

【移植与栽培养护】

1. 移植

七叶树以播种繁殖为主。七叶树移植时间一般为秋季落叶后至
翌年春季发芽前进行。一年生苗木最好在春季进行移栽，以后每隔

图 3-45 七叶树观赏效果

1 年栽 1 次。幼苗喜湿润，喜肥，移栽时树穴要深，施足基肥。小苗期为防日灼需适当遮阳。小苗移植的株行距可视苗木在圃地留床的时间而定，留床时间长的株行距可以大一些，一般为1.5m×1.5m。

大苗移植时均应带土球，移植前需疏枝，疏去树冠过密枝、叠合枝、交织枝、病枯枝、短截折损枝，疏枝量约 1/3。必要时为减少蒸发量，需摘除部分叶片。为防止树皮灼裂可以将树干用草绳围住。七叶树可全冠移植，但是如在高温季节全冠移植，土球规格需加大，要加强养护，提高成活率。

2. 肥水管理

七叶树一年中施肥不能少于两次，即速生期、林木生长封顶期。速生期施肥主要以氮肥为主，在枝条封顶期主要以有机肥为主。七叶树一年中需至少灌水 3 次，萌芽期、速生期、封顶期各灌一次，天旱可增加灌水次数。七叶树怕积水，积水要及时排出，林内应修好排水沟，雨季注意搞好排涝工作。

十二、复叶槭

【学名】*Acer negundo* L.

【科属】槭树科、槭属

【产地分布】

我国华北、东北、西北、江浙、华南地区均可种植。

【形态特征】

落叶乔木，最高达 20m。树皮黄褐色或灰褐色。小枝圆柱形，当年生枝绿色，多年生枝黄褐色。羽状复叶，有 3～7（稀9）枚小叶；小叶纸质，卵形或椭圆状披针形，边缘常有 3～5 个粗锯齿，稀全缘。雄花的花序聚伞状，雌花的花序总状，均由无叶的小枝旁边生出，常下垂，花小，黄绿色，开于叶前，雌雄异株，无花瓣及花盘。小坚果凸起，近于长圆形或长圆卵形。花期 4～5 月，果期 9 月。

有金叶复叶槭、粉叶复叶槭、花叶复叶槭三个变种。金叶复叶槭落叶乔木，属速生树种，叶春季金黄色；粉叶复叶槭和花叶复叶槭为落叶灌木，幼叶是柔和的粉色，花叶复叶槭幼叶呈黄色、白粉色、红粉色，成熟叶呈现黄白色与绿色相间的斑驳状（图 3-46，见彩图）。

图 3-46　复叶槭形态特征

【生长习性】

复叶槭生长强健，适生范围广，喜光，耐寒，耐旱，生长能力强，当然以肥沃，水性良好的土壤为最佳。

【园林应用前景】

金叶复叶槭、花叶复叶槭、粉叶复叶槭结合应用，美化环境。孤植、群植、作造型树均可，广泛用于庭院、公园、休闲场所（图 3-47，见彩图）。

图 3-47　复叶观赏效果

【移植与栽培养护】

主要用种子繁殖，扦插也可，变种常用嫁接法繁殖。小苗可用裸根移栽，大苗或大树移栽要带土球。金叶复叶槭生长速度极快，因此栽植穴要大，底肥要足，保证水肥供应能满足其生长。每年春季芽萌动前和秋季要各浇一次返青水和冻水，平时如不过于干旱则不用浇水。雨季要做好排涝工作。基肥可在每年落叶后和春季萌芽前施入，以腐熟的有机肥为主。初夏可施用一次磷钾肥，每周喷施1～2次叶面肥效果更佳。

十三、鸡爪槭

【学名】*Acer palmatum* Thunb.

【科属】槭树科、槭属

【产地分布】

产于山东、河南南部、江苏、浙江、安徽、江西、湖北、湖南、贵州等地。分布于北纬 30°～40°。鸡爪槭在各国早已引种栽培，变种和变型很多，其中有红槭和羽毛槭。

【形态特征】

落叶小乔木。树皮深灰色。小枝细瘦；当年生枝紫色或淡紫绿色；多年生枝淡灰紫色或深紫色。叶纸质，5～9 掌状分裂，通常 7 裂，裂片长圆卵形或披针形，先端锐尖或长锐尖，边缘具紧贴的尖锐锯齿；上面深绿色，下面淡绿色（图 3-48，见彩图）。花紫色，杂性，雄花与两性花同株，生于无毛的伞房花序，叶发出以后才开

图 3-48 鸡爪槭形态特征

花；花瓣 5，椭圆形或倒卵形，先端钝圆。翅果嫩时紫红色，成熟时淡棕黄色；小坚果球形。花期 5 月，果期 9 月。

【生长习性】

鸡爪槭喜疏阴的环境，夏日怕日光暴晒，抗寒性强，能忍受较干旱的气候条件。多生于阴坡湿润山谷，耐酸碱，较耐燥，不耐水涝，凡西晒及潮风所到之处，生长不良。适用于湿润、富含腐殖质的土壤。

【园林应用前景】

常植于山麓、池畔、园门两侧、建筑物角隅装点风景，还可植于花坛中作主景树，是园林中名贵的观赏乡土树种（图 3-49～图 3-51，见彩图）。

图 3-49 鸡爪槭园林应用

图 3-50 红槭（鸡爪槭变种）
园林应用

图 3-51 羽毛槭（鸡爪槭变种）
园林应用

【移植与栽培养护】

鸡爪槭采用种子繁殖和嫁接繁殖。一般原种用播种法繁殖，而园艺变种常用嫁接法繁殖。苗木移植需选较为庇荫、湿润而肥沃之地，在秋冬落叶后或春季萌芽前进行。小苗可裸根移植，移植大苗时必须带宿土。

其秋叶红者，夏季要予以充分光照，并施肥浇水，入秋后以干燥为宜。如肥料不足，秋季经霜后，追施 1～2 次氮肥，并适当修剪整形，可促使萌发新叶。

十四、紫叶李

【学名】*Prunus cerasifera* Ehrhar f. *atropurpurea*（Jacq.）Rehd.

【科属】蔷薇科、李属

【产地分布】

原产亚洲西南部，中国华北及其以南地区广为种植。

【形态特征】

别名红叶李。落叶灌木或小乔木，高可达 8m；多分枝，枝条细长，紫叶李枝干为紫灰色，嫩芽淡红褐色，叶子光滑无毛，叶常年紫红色。花瓣白色，花瓣为单瓣（图 3-52，见彩图）。核果近球形或椭圆形，结实率很低，果很小，没有食用价值。花期 4 月，果期 8 月。

【生长习性】

紫叶李喜阳光，喜温暖湿润气候，有一定的抗旱能力。对土壤

图 3-52 紫叶李形态特征

适应性强，不耐干旱，较耐水湿，但在肥沃、深厚、排水良好的黏质中性、酸性土壤中生长良好，不耐碱。以砂砾土为好，在黏质土中亦能生长，根系较浅，萌生力较强。

【园林应用前景】

紫叶李整个生长季节都为紫红色，为著名观叶树种，孤植、群植皆宜，能衬托背景。宜于建筑物前及园路旁或草坪角隅处栽植（图 3-53，见彩图）。

图 3-53 紫叶李园林应用

【移植与栽培养护】

1. 移植

紫叶李主要用嫁接繁殖，砧木用山桃、山杏，也可用扦插法繁殖。培育大苗需移植，4 月下旬，选阴雨天或晴天的下午 4 点后进行移植。起苗前灌足水，以利起苗并减少伤根，根系又能多带泥

土。随起随栽，可提高移植成活率。苗木移植时株行距 20cm×
30cm。移植前施腐熟农家肥和复合肥，深耕细耙后移植。栽后浇
足水，育苗地保持不干不过湿，并加强病虫草害防治。紫叶李大苗
移栽以春、秋为主，栽植后浇透水，切忌栽植在水湿低洼地带。

2. 肥水管理

紫叶李喜湿润环境，新栽植的苗要浇好三水，以后干旱时每月
可浇水 1～2 次。7～8 两月降雨充沛，如不是过于干旱，可不浇
水，雨水较多时，还应及时排水，防止烂根。11 月上、中旬还应
浇足、浇透封冻水。栽植后第 2 年可减少灌溉次数，第 3 年起只需
每年早春和初冬浇足、浇透解冻水和封冻水即可。注意入秋后一定
要控制浇水，防止水大而使枝条徒长，在冬季遭受冻害。

紫叶李喜肥，栽植时要施有机肥，以后每年在浇封冻水前可施
入一些农家肥，可使植株生长旺盛，叶片鲜亮。紫叶李虽然喜肥，
但施肥要适量，如果施肥次数过多或施肥量过大，会使叶片颜色发
暗而不鲜亮，降低观赏价值。

十五、西府海棠

【学名】*Malus micromalus*

【科属】蔷薇科、苹果属

【产地分布】

分布在中国云南、甘肃、陕西、山东、山西、河北、辽宁等
地，目前许多地区已人工引种栽培。

【形态特征】

别名小果海棠，栽培品种有河北的"八棱海棠"、云南的"海
棠"等。落叶乔木，高可达 8m；叶片椭圆形至长椭圆形，先端渐
尖或圆钝，边缘有紧贴的细锯齿。花序近伞形，具花 5～8 朵；花
瓣白色，初开放时粉红色至红色；果实近球形，黄色，萼裂片宿存
(图 3-54，见彩图)。花期 4～5 月，果期 9 月。

【生长习性】

西府海棠喜光，耐寒，忌水涝，忌空气过湿，较耐干旱，对
土质和水分要求不高，最适生于肥沃、疏松又排水良好的沙质
壤土。

图 3-54　西府海棠形态特征

【园林应用前景】

　　花色艳丽，一般多栽培于庭园供绿化用，不论孤植、列植、丛植均极为美观。新式庭园中，以浓绿针叶树为背景，植海棠于前列，则其色彩尤觉夺目，若列植为花篱，鲜花怒放，蔚为壮观（图 3-55，见彩图）。

图 3-55　西府海棠园林应用

【移植与栽培养护】

　　海棠通常以嫁接或分株繁殖，亦可用播种、压条及根插等方法繁殖。海棠栽植时期以早春萌芽前或初冬落叶后为宜。一般大苗要带土球移植，小苗可裸根栽植。栽植前施足基肥，栽后浇透水。定植后幼树期保持土壤疏松湿润，适当灌溉。成活后每年秋施基肥，生长季追肥 3～4 次即可。每次土壤施肥后结合灌水。

十六、玉兰

【学名】*Magnolia denudata* Desr.

【科属】木兰科、木兰属

【产地分布】

原产于长江流域，庐山、黄山、峨眉山等处有野生。现北京及黄河流域以南都有栽培。

【形态特征】

别名白玉兰，落叶乔木，高达 25m，胸径 1m，树冠宽阔；树皮深灰色，粗糙开裂；小枝稍粗壮，灰褐色；冬芽及花梗密被淡灰黄色长绢毛。叶纸质，倒卵形、宽倒卵形或倒卵状椭圆形。花蕾卵圆形，花先叶开放，直立，芳香；花梗显著膨大，密被淡黄色长绢毛；花被片 9 片，白色，基部常带粉红色（图 3-56，见彩图）。花期 2～3 月，果期 8～9 月。

图 3-56　玉兰形态特征

【生长习性】

玉兰性喜光，较耐寒，北京以南可露地越冬。爱干燥，忌低湿，栽植地渍水易烂根。喜肥沃、排水良好而带微酸性的沙质土壤，在弱碱性的土壤上亦可生长。在气温较高的南方，12 月至翌年 1 月即可开花。玉兰花对有害气体的抗性较强，对二氧化硫和氯气具有一定的抗性并具有吸硫能力，因此，玉兰是大气污染地区很好的防污染绿化树种。

【园林应用前景】

　　古时多在亭、台、楼、阁前栽植。现多见于园林、厂矿中孤植、散植，或于道路两侧作行道树（图 3-57，见彩图）。

图 3-57　玉兰园林应用

【移植与栽培养护】

1. 移植

　　玉兰常用播种法繁殖。玉兰不耐移植，一般在萌芽前 10～15 天或花刚谢而未展叶时移栽较为理想。玉兰喜光，幼树较耐阴，不耐强光和西晒，可种植在侧方挡光的环境下，种植于大树下或背阴处则生长不良。

　　玉兰不耐移植，移栽时必须要带土球。土球的直径为植株地径的 8～10 倍，如果地径较小，且条件允许，还可增大土球的直径，足够大的土球可以有效保护一些根系，利于植株缓苗和生长。土球的高可按土球直径的 60％ 来确定。土球规格确定好后，可进行挖掘，土球挖好后，要用草绳包扎，防止其散坨。装车卸车时也要轻拿轻放，不可损坏土球。

　　移植前必要的修剪利于恢复树势、提高成活率。①疏除过密枝条，使树形更加美观，通风透光效果更好；②短截一些长枝，保持树冠的整体美观；③摘除全部花蕾，减少养分消耗，提高移植成活率。

2. 肥水管理

玉兰喜肥沃、湿润、排水良好的微酸性土壤，怕积水，在黏土中种植则生长不良，在沙壤土和黄沙土中生长最好。早春的返青水、初冬的防冻水是必不可缺的；在生长季节，可每月浇一次水，雨季应停止浇水，雨后要及时排水。

玉兰除在栽植时施用基肥外，每年施肥 4 次，即花前施用一次氮、磷、钾复合肥，能提高开花质量，且有利于春季生长；花后要施用一次氮肥，可提高植株的生长量，扩大营养面积；在 7～8 月施用一次磷、钾复合肥，可以促进花芽分化，提高新生枝条的木质化程度；入冬前结合浇冬水再施用一次腐熟发酵的圈肥。

十七、碧桃

【学名】*Amygdalus persica* L. var. *persica* f. *duplex* Rehd.

【科属】蔷薇科、桃属

【产地分布】

主要分布于江苏、山东、浙江、安徽、上海、河南、河北等地。

【形态特征】

别名千叶桃花，是桃的变种。落叶小乔木，高 3～8m；树冠宽广而平展；芽 2～3 个簇生，多中间为叶芽，两侧为花芽。叶片长圆披针形、椭圆披针形或倒卵状披针形，叶色多绿色，少有紫红色品种。花单生，先于叶开放；花多种类型，多重瓣，色彩鲜艳丰富，有红色、粉色、红白双色等（图 3-58，见彩图）。花期 3～4 月，果实成熟期因品种而异，通常为 8～9 月。

【生长习性】

碧桃性喜阳光，耐旱，不耐潮湿。喜欢气候温暖的环境，耐寒性较好。要求土壤肥沃、排水良好。不喜欢积水，如栽植在积水低洼的地方，容易出现死苗。

【园林应用前景】

碧桃的园林绿化用途广泛，绿化效果突出。可列植、片植、孤

图 3-58　碧桃形态特征

植，当年即有特别好的绿化效果。碧桃常和紫叶李、紫叶矮樱等苗木一起使用，作庭院绿化点缀（图 3-59，见彩图）。

图 3-59　碧桃园林应用

【移植与栽培养护】

1. 移植

碧桃用嫁接法繁殖，砧木用山桃、毛桃。一般裸根栽植。碧桃喜干燥向阳的环境，故栽植时要选择地势较高且无遮阴的地点，不宜栽植于沟边及池塘边，也不宜栽植于树冠较大的乔木旁。

2. 肥水管理

碧桃耐旱，怕水湿，一般除早春及秋末各浇一次解冻水及封冻水外其他季节不用浇水。但在夏季高温天气，如遇连续干旱，适当的浇水是非常必要的。雨天还应做好排水工作，以防水大烂根导致植株死亡。

碧桃喜肥，但肥不宜过多，可用腐熟发酵的牛马粪作基肥，每年入冬前施一些芝麻酱渣，6～7 月如施用 1～2 次速效磷、钾肥，可促进花芽分化。

十八、梅花

【学名】*Armeniaca mume* Sieb.

【科属】蔷薇科、杏属

【产地分布】

长江流域以南各省最多，江苏和河南也有少数品种，某些品种已在华北引种成功。

【形态特征】

落叶小乔木，稀灌木，高可达 10m，小枝绿色。叶片卵形或椭圆形，先端尾尖，基部宽楔形至圆形，叶边常具小锐锯齿，灰绿色。花单生或有时 2 朵同生于 1 芽内，香味浓，先于叶开放；花瓣倒卵形，多为白色、粉色、红色、紫色、浅绿色（图 3-60，见彩图）。果实近球形。花期冬春季，果期 5～6 月（在华北果期延至 7～8 月）。

【生长习性】

梅花对土壤要求不严，喜湿怕涝，较耐瘠薄；阳性树种，喜阳光充足，通风良好。

【园林应用前景】

梅花最宜植于庭院、草坪、低山丘陵，可孤植、丛植、群植（图 3-61、图 3-62，见彩图），又可盆栽观赏或加以整剪做成各式桩景。

【移植与栽培养护】

1. 移植

梅花常用嫁接法繁殖，压条、扦插繁殖也可。在南方可露地栽

图 3-60 梅花形态特征

图 3-61 梅花园林应用（一）

图 3-62 梅花园林应用（二）

植，在黄河流域耐寒品种也可地栽，但在北方寒冷地区则应盆栽于室内越冬。在落叶后至春季萌芽前均可带土球栽植。

2. 肥水管理

梅花是一种喜肥花卉，在生长过程中需供给氮、磷、钾肥，但梅花又不喜大肥，供肥不可过量。栽植前施好基肥，同时掺入少量磷酸二氢钾，花前再施 1 次磷酸二氢钾，花后施 1 次腐熟的饼肥，补充营养。6 月还可施 1 次复合肥，以促进花芽分化。秋季落叶后，施 1 次有机肥，如腐熟的粪肥等。

梅花既不能积水，也不能过湿过干，浇水掌握见干见湿的原则。浇水应根据季节、气温、晴雨等情况灵活掌握。

十九、樱花

【学名】*Prunus serrulata*

【科属】蔷薇科、樱属

【产地分布】

分布于北半球温和地带，在中国北京、西安、青岛、南京、南昌等城市常于庭园栽培。

【形态特征】

樱花为落叶乔木或灌木，高 4~16m，树皮灰色。叶片椭圆卵形或倒卵形，先端渐尖或骤尾尖，基部圆形，稀楔形，边有尖锐重锯齿。花常数朵着生在伞形、伞房状或短总状花序上，有花 3~4 朵，先叶开放；花瓣白色或粉红色，先端圆钝、微缺或深裂；樱花可分单瓣和复瓣两类（图 3-63，见彩图）。单瓣类能开花结果，复瓣类多半不结果。核果成熟时肉质多汁，不开裂。花期 4 月，果期 5 月。

【生长习性】

樱花性喜阳光和温暖湿润的气候条件，有一定抗寒能力。对土壤的要求不严，宜在疏松肥沃、排水良好的沙质壤土生长，但不耐盐碱土。根系较浅，忌积水低洼地。有一定的耐寒和耐旱力，但对烟及风抗力弱，因此不宜种植在常刮台风的沿海地带。

【园林应用前景】

樱花常用于园林观赏，可大片栽植造成"花海"景观，可孤植或

图 3-63　櫻花形态特征

图 3-64　櫻花园林应用

三五成丛点缀于绿地，也可作小路行道树（图 3-64，见彩图）。

【移植与栽培养护】

1. 移植

以播种、扦插和嫁接繁殖为主。南方在落叶后至萌芽前均可带土球移植，北方在早春土壤解冻后立即带土球移植。在定植后 2～3 年内，可用稻草包裹。

2. 肥水管理

定植后苗木易受旱害，除定植时充分灌水外，以后 8～10 天灌水一次，保持土壤潮湿但无积水。灌后及时松土，最好用草将地表薄薄覆盖，减少水分蒸发。

樱花每年施肥 2 次，以酸性肥料为好。一次在冬季或早春施用豆饼、鸡粪等腐熟的有机肥；另一次在落花后，施用硫酸铵、硫酸亚铁、过磷酸钙等速效肥料。

二十、柿树

【学名】*Diospyros kaki* L.

【科属】柿树科、柿树属

【主要产区】

柿树在中国是一种广泛种植的重要果树，主要种植地区在河南、山西、陕西、河北等地。

【形态特征】

落叶乔木，高达 20m。树冠阔卵形或半球形，树皮黑灰色并裂成方形小块，固着树上，冬芽先端钝，小枝密被褐色毛。叶阔椭圆形，表面深绿色、有光泽，革质，入秋部分叶变红，叶痕大、红棕色。花雌雄异株或杂性同株，单生或聚生于新生枝条的叶腋中，花黄白色。果形因品种而异，橙黄或红色，萼片宿存大，先端钝圆（图 3-65，见彩图）。花期 5～6 月，果熟期 9～10 月。

图 3-65　柿树形态特征

【生长习性】

柿树为强阳性树种，耐寒，能经受约－18℃的严寒。喜湿润，也耐干旱，能在空气干燥而土壤较为潮湿的环境下生长。忌积水。深根性，根系强大，吸水、吸肥力强，也耐瘠薄，适应性强，不喜沙质土。抗污染能力强。

【园林应用前景】

柿树叶片革质，秋季变红，落叶后果实不落，有很高的观赏效果，可作庭院、公园、道路、景区绿化（图 3-66，见彩图）。

图 3-66　柿树园林应用

【移植与栽培养护】

柿树常用嫁接法繁殖，砧木用君迁子和柿的实生苗。一般裸根栽植。基肥一般采果前施入，在果实迅速发育期可追施复合肥，也可在柿子树结果中后期，每隔 15 天左右，叶面喷施一次 0.1％硫酸镁、0.2％尿素、0.3％磷酸二氢钾混合液，连喷 3～5 次，均匀喷湿所有的枝叶和果实，以开始有水珠滴下为宜。

柿根系分布广而深，抗旱能力较强，一般不需灌溉。但长期干旱也会影响根系、枝叶和果实生长，加重落果，一定要保证萌芽期、开花期和果实膨大期三个时期土壤内有足够的水分。

二十一、苹果

【学名】*Malus pumila* Mill.

【科属】蔷薇科、苹果属

【主要产区】

渤海湾地区和黄河故道是全国苹果的主产区，包括辽宁、河北、山东、河南、江苏北部以及秦岭北部和新疆的伊犁地区。

【形态特征】

落叶乔木，高可达 15m，椭圆形树冠。小枝短而粗，圆柱形。叶卵形或椭圆形，边缘具有圆钝锯齿。伞房花序，具花 3~7 朵，集生于小枝顶端，花白色带红晕。果实扁球形，果梗短粗（图 3-67，见彩图）。花期 5 月，果期 7~10 月。

图 3-67 苹果的形态特征

【生长习性】

苹果喜光，适宜冷凉及干燥的气候和深厚肥沃、排水良好的土壤。

【园林应用前景】

苹果是园林绿化中观花、观果的优良树种，可作行道树和园景树，孤植、列植均可（图 3-68、图 3-69，见彩图）。

【移植与栽培养护】

苹果常用嫁接法繁殖，常用海棠作砧木。一般裸根栽植即可，大树移植需带土球。苹果树基肥以秋施为好，施入时间宜早不宜迟，早熟品种果实采收后施入，晚熟品种可在果实采收前施入。苹果成年结果树每年追肥 2~4 次：①花前追肥；②花后追肥；③果实膨大期和花芽分化期追肥；④果实生长后期追肥。在土壤结冻前

图 3-68 苹果的观赏效果
（疏散分层形）

图 3-69 苹果的观赏效果
（"Y"字形）

和萌芽前要灌水，可结合追肥灌水。

第三节 常绿灌木的移植与栽培养护

一、夹竹桃

【学名】*Nerium indicum* Mill.

【科属】夹竹桃科、夹竹桃属

【产地分布】

原产伊朗、印度等国家和地区，现广植于亚热带及热带地区。中国引种始于 15 世纪，各省区均有栽培。

【形态特征】

常绿直立大灌木，高达 5m，枝条灰绿色，含汁液；嫩枝条具棱。叶 3～4 枚轮生，窄披针形，叶面深绿，叶背浅绿色。聚伞花序顶生，着花数朵；花芳香；花冠深红色或粉红色，栽培演变品种有白色或黄色，花有单瓣和重瓣（图 3-70，见彩图）。花期几乎全年，夏秋最盛；果期一般在冬春季，栽培品种很少结果。

【生长习性】

夹竹桃喜光，喜温暖湿润气候，不耐寒，忌水渍，耐一定程度的空气干燥。适生于排水良好、肥沃的中性土壤，也能适应微酸

图 3-70　夹竹桃形态特征

性、微碱性土壤。

【园林应用前景】

　　夹竹桃是有名的观赏花卉，常孤植、丛植、列植于园林绿地、庭院、路旁（图 3-71，见彩图）。夹竹桃有抗烟雾、抗灰尘、抗毒物和净化空气、保护环境的能力。叶片对人体有毒，对二氧化硫、

图 3-71　夹竹桃园林应用

二氧化碳、氟化氢、氯气等有害气体有较强的抵抗作用。

【移植与栽培养护】

夹竹桃以扦插繁殖为主，也可压条繁殖。移栽需在春季进行，移栽时树冠应进行重剪。小苗和中苗带宿土移植，大苗需带土球移植。

夹竹桃的适应性强，栽培管理较粗放。一般露地栽植夹竹桃，在 9 月中旬，也应在主干周围切毛细根（毛细根生长快），切根后浇水，施稀薄的液体肥。冬季注意保护，越冬温度需维持在 8～10℃，低于 0℃时，夹竹桃会落叶。

二、瑞香

【学名】*Daphne odora* Thumb.

【科属】瑞香科、瑞香属

【产地分布】

瑞香原产中国和日本，为中国传统名花。分布于长江流域以南各省区，主要分布在武夷山。江西省赣州市将其列为"市花"。

【形态特征】

别名睡香、蓬莱紫、风流树、毛瑞香、千里香等。常绿直立灌木；枝粗壮，通常二歧分枝，小枝近圆柱形，紫红色或紫褐色，无毛。叶互生，浓绿而有光泽，长圆形或倒卵状椭圆形，先端钝尖，基部楔形，边缘全缘，也有叶边缘金色的品种。花香气浓，数朵组成顶生头状花序，花冠黄白色至淡紫色（图 3-72，见彩图）。果实红色。花期 3～5 月，果期 7～8 月。

【生长习性】

瑞香性喜半阴和通风环境，惧暴晒，不耐积水和干旱。

【园林应用前景】

瑞香的观赏价值很高，其花虽小，却锦簇成团，花香清馨高雅。最适合种于林间空地、林缘道旁、山坡台地及假山阴面，若散植于岩石间则风趣益增。在庭院中瑞香修剪为球形，点缀于松柏之间（图 3-73，见彩图）。

【移植与栽培养护】

瑞香以扦插繁殖为主，也可压条、嫁接或播种繁殖。移栽宜在

图 3-72　瑞香形态特征

图 3-73　瑞香园林应用

春秋两季进行，但以春季开花期或梅雨期移植为宜。移栽时须多带宿土，并对枝条进行适当修剪。

露地栽培比较粗放，选择半阴半阳、表土深厚而排水良好处，栽植前施足堆肥，忌用人粪尿。天气过旱时才浇水，越冬前在株丛周围施些腐熟的厩肥，6～7月施1～2次追肥，施用饼肥水为好，做到少量多次，适当增施磷、钾肥。土壤不可太干太湿，要防止烈日直接照射。

三、栀子

【学名】*Gardenia jasminoides* Ellis.

【科属】茜草科、栀子属

【产地分布】

我国中部及中南部都有分布，越南与日本也有分布。

【形态特征】

常绿灌木。枝丛生，干灰色，小枝绿色。叶大，对生或三叶轮生，有短柄，革质，倒卵形或倒卵状长圆形，先端渐尖，色深绿，有光泽，托叶鞘状。花冠白色或乳黄色，高脚碟状，重瓣，具浓郁芳香，有短梗，单生于枝顶（图3-74，见彩图）。果卵形、近球形、椭圆形或长圆形。花期3～7月，果期5月至翌年2月。

图 3-74　栀子形态特征

【生长习性】

栀子喜温暖、湿润环境，不甚耐寒。喜光，耐半阴，但怕暴晒。喜肥沃、排水良好的酸性土壤，在碱性土中栽植时易黄化。萌芽力、萌蘖力均强，耐修剪更新。

【园林应用前景】

栀子花终年常绿，且开花芬芳香郁，是深受大众喜爱、花叶俱佳的观赏树种。可用于庭园、池畔、阶前、路旁丛植或孤植（图 3-75，见彩图），也可在绿地组成色块。

图 3-75　栀子园林应用

【移植与栽培养护】

栀子以扦插、压条繁殖为主，其中水插繁殖简单易行。移栽以春季为宜，雨季必须带土球。栀子花喜湿，但土壤过湿又会引起根烂、枝枯、叶黄脱落现象。夏季要多浇水，经常用清水喷洒叶面及附近地面，适当增加空气湿度。花前多施薄肥，切忌浓肥、生肥，休眠期不施肥。

四、红叶石楠

【学名】*Photinia x fraseri*

【科属】蔷薇科、石楠属

【产地分布】

中国华东、中南及西南地区有栽培。

【形态特征】

红叶石楠是蔷薇科石楠属杂交种的统称，为常绿小乔木，园林绿化常作灌木栽培。株高 4～6m，叶革质，长椭圆形至倒卵状披针形，春季新叶红艳，夏季转绿，秋、冬、春三季呈现红色，霜重色逾浓，低温色更佳（图 3-76、图 3-77，见彩图）。花期 4～5 月，梨果红色，能延续至冬季，果期 10 月。

图 3-76　夏季红叶石楠

图 3-77　秋季红叶石楠

【生长习性】

　　红叶石楠喜光，稍耐阴，喜温暖湿润气候，耐干旱瘠薄，不耐水湿。喜温暖、潮湿、阳光充足的环境。耐寒性强，能耐最低温度−18℃。适宜各类中肥土质。耐土壤瘠薄，有一定的耐盐碱性和耐干旱能力。红叶石楠生长速度快，萌芽性强，耐修剪，易于移植、成形。

【园林应用前景】

　　红叶石楠因其耐修剪且四季色彩丰富，适合在园林景观中作高档色带。一至二年生的红叶石楠可修剪成矮小灌木，在园林绿地中作为色块植物片植，或与其他彩叶植物组合成各种图案，也可群植成大型绿篱或幕墙（图 3-78、图 3-79，见彩图），在居住区、厂区绿地、街道或公路旁作绿化隔离带应用。红叶石楠还可培育成独干、球形树冠的乔木，在绿地中作为行道树或孤植作庭荫树。红叶石楠对二氧化硫、氯气有较强的抗性，具有隔音功能，适用于街坊、厂矿绿化。

【移植与栽培养护】

　　红叶石楠以扦插繁殖为主。移栽在春季 3～4 月进行，秋末冬初也可，小苗带宿土，大苗带土球并剪去部分枝叶。栽前施足基肥，栽后及时浇足定根水。成活后生长期注意浇水，特别是 6～8 月高温季节，宜半月浇 1 次水。春夏季节可追施一定量的复合肥和有机肥。

图 3-78　红叶石楠绿篱

图 3-79　红叶石楠修剪造型

五、红花檵木

【学名】*Loropetalum chinense* var. *rubrum*

【科属】金缕梅科、檵木属

【产地分布】

主要分布于长江中下游及以南地区。产于湖南浏阳、长沙县，江苏苏州、无锡、宜兴、溧阳等。

【形态特征】

红花檵木为金缕梅科檵木属檵木的变种，别名红继木、红桎木、红桎木、红檵花等。常绿灌木、小乔木。多分枝；叶革质，卵形，

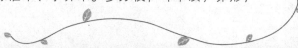

无光泽，全缘；嫩叶鲜红色，老叶暗红色（图 3-80，见彩图）。花
3～8 朵簇生，有短花梗，白色，比新叶先开放，或与嫩叶同时开
放；花瓣 4 片，带状，先端圆或钝；雄蕊 4 个，花丝极短。4～5
月开花，花期长，30～40 天，国庆节能再次开花。果期 9～10 月。

图 3-80　红花檵木形态特征

【生长习性】

红花檵木喜光，稍耐阴，但阴时叶色容易变绿；适应性强，耐
旱；喜温暖，耐寒冷；萌芽力和发枝力强，耐修剪；耐瘠薄，但适
宜在肥沃、湿润的微酸性土壤中生长。

【园林应用前景】

红花檵木枝繁叶茂，姿态优美，耐修剪，耐蟠扎，可用于绿篱
和灌木球，也可用于制作树桩盆景。可孤植、丛植、群植，主要用
于园林景观、城市绿化景观、道路绿化隔离带、庭院绿化。花和叶
色泽美丽、多变，是观叶、观花、观形的优良树种（图 3-81～
图 3-84，见彩图）。

【移植与栽培养护】

图 3-81 红花檵木自然丛生形

图 3-82 红花檵木绿篱

图 3-83 红花檵木圆头形

图 3-84 红花檵木造型树

红花檵木可用嫁接、扦插、播种等方法繁殖，以扦插繁殖为主。移栽宜在春季萌芽前进行，小苗带宿土，大苗带土球，红花檵木移栽前，施基肥，移栽后适当遮阴。生长季节用中性叶面肥800～1000倍稀释液进行叶面追肥，每月喷2～3次，以促进新梢生长。南方梅雨季节，应注意保持排水良好，高温干旱季节，应保证早、晚各浇水1次，中午结合喷水降温。北方地区因土壤、空气干燥，必须及时浇水，保持土壤湿润，秋冬及早春注意喷水，保持叶面清洁、湿润。

六、茶花

【学名】*Camellia japonica*

【科属】山茶科、山茶属

【产地分布】

主要分布于中国和日本。中国中部及南方各省露地多有栽培，已有1400余年的栽培历史，北部则行温室盆栽。

【形态特征】

常绿灌木，高1～3m；嫩枝、嫩叶具细柔毛。单叶互生；叶片薄革质，椭圆形或倒卵状椭圆形，先端短尖或钝尖，基部楔形，边缘有锯齿（图3-85，见彩图）。花两性，芳香，通常单生或2朵生于叶腋；向下弯曲；花瓣5～8，有单瓣、半重瓣、重瓣等；颜色有红、黄、白、粉等。蒴果近球形或扁形，果皮革质，较薄。茶花的花期较长，一般从10月始花，翌年5月终花。果期次年10～11月。

图3-85 茶花形态特征

【生长习性】

茶花生长适温为20～25℃，29℃以上时停止生长，35℃时叶子会有焦灼现象，要求有一定温差；大部分品种可耐－10℃低温（自然越冬，云茶稍不耐寒），在淮河以南地区一般可自然越冬。喜半阴，忌烈日暴晒，环境湿度宜在70%以上。喜肥沃湿润、排水良好的酸性土壤，并要求较好的透气性。不耐盐碱和黏重积水地段。

【园林应用前景】

　　茶花株形优美，叶浓绿而有光泽，花形艳丽缤纷，为中国传统名花，世界名花之一，是云南省省花，重庆市、宁波市的市花。可孤植、列植于园林绿地、庭院等，也常种植专类园，供重点观赏（图3-86，见彩图）。

图 3-86　茶花园林应用

【移植与栽培养护】

　　茶花常用扦插、嫁接法繁殖。秋植为好，不论苗木大小均应带土球移植。栽植后进行修剪，应剪除萌枝、病枝、枯老枝，除此之外，还应剪除部分小枝条，摘除 1/3～2/3 的叶片。地栽应选排水良好、保水性能强、不积水、烈日暴晒不到的地方。

　　山茶对肥水要求较高，一年施肥主要抓三个时期，即 2～3 月春季春梢生长和花后补肥；6 月二次枝生长期施肥；10～11 月施肥，提高植株抗寒能力。施肥以稀薄矾肥水为好，忌施浓肥。

七、三角梅

　　【学名】*Bougainvillea spectabilis* Willd.

　　【科属】紫茉莉科、叶子花属

　　【产地分布】

　　原产巴西，中国各地均有栽培，是深圳市、珠海市、厦门市、三亚市、海口市等的市花。上海大青园林绿化有限公司是目前华东

地区三角梅品种最多、最全、种植面积最大的三角梅种植培育基地。

【形态特征】

别名九重葛、毛宝巾、三角花、叶子花等。为常绿攀缘状灌木。枝具刺、拱形下垂。单叶互生，卵形全缘或卵状披针形，被厚茸毛，顶端急尖或渐尖。花很小，常3朵簇生于3枚较大的苞片内；苞片卵圆形，有大红色、橙黄色、紫红色、雪白色、樱花粉等，苞片则有单瓣、重瓣之分，苞片叶状三角形或椭圆状卵形，苞片为主要观赏部位，常被错认为花（图3-87，见彩图）。花期5～12月。

图 3-87　三角梅形态特征

【生长习性】

三角梅喜温暖湿润气候，不耐寒，在3℃以上才可安全越冬，15℃以上方可开花。喜充足光照。对土壤要求不严，在排水良好、矿物质丰富的黏重壤土中生长良好，耐贫瘠、耐碱、耐干旱，忌积水，耐修剪。

【园林应用前景】

三角梅广泛用于厂区景观绿化、高档别墅花园、屋顶花园、休闲社区、公园、室内外植物租摆、城市高架护栏美化、办公绿化等（图3-88，见彩图）。三角梅观赏价值很高，在中国南方用作围墙的攀缘花卉栽培。在华南地区用于花架、拱门或高墙，形成立体花卉（图3-89，见彩图）。

图 3-88 三角梅园林应用（一）

图 3-89 三角梅园林应用（二）

【移植与栽培养护】

三角梅常用扦插和压条繁殖。三角梅极易扦插成活，生产上多采用扦插法。三角梅多春季栽植，小苗可裸根移植，大苗需带土球，栽后浇透水，干旱高温时向树冠喷水。三角梅移植前应重修剪，一般每枝条保留 2～3 片叶短截。

三角梅喜水但忌积水，浇水一定要适时、适量。三角梅需要一定的养分，在生长期内要进行适当施肥，才能满足其生长需要。肥料应腐熟，施肥应少量多次，浓度要淡，否则易伤害根系，影响生长。

八、枸骨

【学名】*Ilex cornuta Lindl*. et Paxt.

【科属】冬青科、冬青属

【产地分布】

产南京、江宁、镇江、宜兴、无锡、苏州、上海等地，生于山坡谷地灌木丛中；现各地庭园常有栽培；分布于长江中下游地区各省。

【形态特征】

常绿灌木或小乔木，树冠球形。树皮灰白色，平滑。叶革质，形状多变，先端具 3 枚尖硬刺齿，两侧各具 1～2 刺齿；表面深绿色、有光泽，背面淡绿色。12 月至翌年 1 月叶色有变化，光照部分叶色变红，庇荫处叶鲜绿。雌雄异株，聚伞花序，小花黄绿色。核果球形，成熟后鲜红色（图 3-90，见彩图）。花期 4～5 月，果期10～11 月。

图 3-90　枸骨形态特征

【生长习性】

喜阳光充足、温暖的气候环境，但也能耐阴。适宜肥沃、排水良好的酸性土壤。耐干旱，不耐盐碱。较耐寒，长江流域可露地越冬，能耐−5℃的短暂低温。

【园林应用前景】

枸骨枝叶稠密，叶形奇特，深绿光亮，入秋红果累累，经冬不凋，是良好的观叶、观果树种。可作花园、庭园中花坛、草坪的主景树，更适宜制作绿篱，分隔空间（图3-91，见彩图）。

图 3-91 枸骨园林应用

【移植与栽培管理】

枸骨须根稀少，苗期应移植，促进根系生长。移植需带土球，操作时要防止散球。移栽可在春秋两季进行，而以春季较好。移植时剪去部分枝叶，以减少蒸腾，提高成活率。

生长旺盛时期需勤浇水，需保持土壤湿润、不积水，夏季需常向叶面喷水，以利蒸发降温。枸骨喜肥沃，施肥以全效肥为主，适当减少氮肥，多施磷肥。

九、杜鹃

【学名】*Rhododendron simsii* Planch.

【科属】杜鹃花科、杜鹃属

【产地分布】

中国杜鹃主要产于江苏、安徽、浙江、江西、福建、台湾、湖

北、湖南、广东、广西、四川、贵州和云南。

【形态特征】

别名映山红。常绿或半常绿灌木，高 2～7m；分枝一般多而纤细，但也有罕见粗壮的分枝。叶革质，常集生枝端，卵形、椭圆状卵形或倒卵形或倒卵形至倒披针形，上面深绿色，下面淡白色。花 2～6 朵簇生枝顶；花冠阔漏斗形，玫瑰色、鲜红色或暗红色，裂片 5，倒卵形（图 3-92，见彩图）。蒴果卵球形。花期 4～5 月，高海拔地区 7～8 月开花；果期 6～8 月。

图 3-92　杜鹃花形态特征

【生长习性】

杜鹃种类多，习性差异大，喜凉爽、湿润气候，恶酷热干燥。要求富含腐殖质、疏松、湿润及 pH 5.5～6.5 的酸性土壤。部分种及园艺品种的适应性较强，耐干旱、瘠薄，土壤 pH 值在 7～8 之间也能生长。但在黏重或通透性差的土壤上，生长不良。杜鹃不耐暴晒。杜鹃最适宜的生长温度为 15～20℃，气温超过 30℃或低于 5℃则生长停滞。

【园林应用前景】

杜鹃花色绚丽，是中国十大传统名花之一。多丛植、群植，主要用于园林景观、城市绿化、庭院绿化（见图 3-93）。

图 3-93　杜鹃花园林应用

【移植与栽培养护】

1. 移植

杜鹃可用扦插、嫁接、压条、分株、播种法繁殖，其中以扦插法最为普遍。杜鹃最适宜在初春或深秋时栽植，一般带土球栽植。如在其他季节栽植，应加大土球，栽植后必须架设荫棚。杜鹃不耐暴晒，露地栽植要求有树木自然蔽荫，创造一个半阴雨凉爽的生长环境。

2. 肥水管理

杜鹃要求土壤润而不湿，生长期注意浇水，从 3 月开始，逐渐加大浇水量，特别是夏季不能缺水，雨季注意排水，9 月以后减少浇水。杜鹃喜肥又忌浓肥，在每年的冬末春初，最好能对杜鹃园施有机肥料。4～5 月杜鹃开花后，可追一次肥；秋后，可追一次肥，入冬后一般不宜施肥。

十、月季

【学名】*Rosa chinensis*

【科属】蔷薇科、蔷薇属

【产地分布】

中国是月季的原产地之一，为北京市、天津市、南阳市等市的市花。

【形态特征】

别名月月红、蔷薇花。常绿或半常绿灌木，或蔓状与攀缘状藤本植物。高 1～2m。茎直立；小枝绿色，具弯刺或无刺。羽状复叶具小叶 3～5 片，稀为 7 片，小叶片宽卵形至卵状椭圆形，先端急尖或渐尖，基部圆形或宽楔形，边缘具尖锐细锯齿，表面鲜绿色。花数朵簇生或单生，花瓣多为重瓣，也有单瓣者，花色多变，有深红色、粉红色、白色等（图 3-94，见彩图）。果球形，黄红色。花期北方 4～10 月，南方 3～11 月。果期 9～11 月。

图 3-94　月季花形态特征

【生长习性】

月季适应性强，不耐严寒和高温，耐旱，对土壤要求不严格，但以富含有机质、排水良好的微带酸性沙壤土最好。喜欢阳光，但是过多的强光直射又对花蕾发育不利，花瓣容易焦枯。喜欢温暖，一般 22～25℃是月季花生长的适宜温度，夏季高温对开花不利。

较耐寒，冬季气温低于 5℃ 即进入休眠，一般品种可耐－15℃低温。

【园林应用前景】

月季可孤植、丛植、列植于园林绿地、庭院、路旁等，也常用于布置花柱、花墙、花坛、花境、色块，或作为专类园，供重点观赏（图 3-95、图 3-96，见彩图）。

图 3-95　月季园林应用（一）

图 3-96　月季园林应用（二）

【移植与栽培养护】

月季主要用扦插和嫁接繁殖，也可用压条、分株、播种繁殖。移栽在 3 月芽萌动前进行，裸根栽植，栽植前注意修剪根系。栽植穴内施足有机肥，栽植嫁接苗接口要低于地面 2～3cm，扦插苗可保持原土印的深度，栽后及时灌水。春季及生长季每隔 5～10 天浇一次透水，雨季注意排水。

月季开花多，需肥量大，生长期宜多次施肥。入冬施一次腐熟的有机肥，春季萌芽前施一次稀薄液肥，以后每隔半个月施一次液肥；肥料可用稀释的人畜粪尿，或与化肥交替使用。

十一、火棘

【学名】*Pyracantha fortuneana*（Maxim.）Li

【科属】蔷薇科、火棘属

【产地分布】

分布于中国黄河以南及广大西南地区。

【形态特征】

常绿灌木，高达 3m。侧枝短刺状，叶倒卵形。花集成复伞房花序，花瓣白色，近圆形，花期 3～4 月；果成穗状，果实近球形，每穗有果 10～20 个，橘红色至深红色，9 月底开始变红（图 3-97，见彩图）。花期 3～5 月，果期 8～11 月。

图 3-97　火棘形态特征

【生长习性】

火棘喜强光，耐贫瘠，耐干旱。黄河以南可露地种植，华北需盆栽。

【园林应用前景】

火棘在园林中作绿篱及基础种植材料，也可丛植或孤植于园路转角处或草坪边缘处（图 3-98，见彩图）。

图 3-98 火棘园林应用

【移植与栽培养护】

1. 移植

火棘以播种和扦插繁殖为主。移栽可在秋冬或早春进行，带土球并重剪才能保证成活。栽植前施足基肥，栽植后灌透水。

2. 肥水管理

火棘栽植成活后，为促进枝干的生长发育和植株尽早成形，施肥应以氮肥为主；植株成形后，每年在开花前，应适当多施磷、钾肥，以促进植株生长旺盛，有利植株开花结果。开花期间为促进坐果，可酌施 0.2％的磷酸二氢钾水溶液；秋季施有机肥，每株施 0.5～1kg；冬季停止施肥，将有利火棘度过休眠期。

火棘耐干旱，但春季土壤干燥，可在开花前浇 1 次透水。开花期保持土壤偏干有利坐果，不要浇水过多。如花期正值雨季，还要注意挖沟、排水，避免植株因水分过多造成落花。果实成熟收获后，在进入冬季休眠前要灌足越冬水。

十二、大叶黄杨

【学名】*Euonymus japonicus* L.

【科属】卫矛科、卫矛属

【产区分布】

产于贵州西南部、广西东北部、广东西北部、湖南南部、江西南部。现各省均有栽培。华北北部地区需保护越冬，在东北和西北的大部分地区均作盆栽。

【形态特征】

别名冬青卫矛、正木。常绿灌木或小乔木，高0.6～2.2m，胸径5cm；小枝四棱形，光滑、无毛。单叶对生，叶革质或薄革质，卵形、椭圆状或长圆状披针形以至披针形，先端渐尖，顶钝或锐，基部楔形或急尖，边缘下曲，叶面光亮。花序腋生，雄花8～10朵，雌花萼片卵状椭圆形，花柱直立，先端微弯曲，柱头倒心形，下延达花柱的1/3处。蒴果近球形（图3-99，见彩图）。花期3～4月，果期6～7月。

图3-99 大叶黄杨形态特征

【生长习性】

大叶黄杨喜光，但也耐阴，喜温暖湿润性气候及肥沃土壤。耐寒性差，温度低于−17℃即受冻害。在北京以南地区可露地自然越冬。耐修剪，寿命很长。

【园林用途】

叶色浓绿有光泽，生长繁茂，四季常青，且有各种花叶变种，抗污染性强，园林绿化常用作绿篱，也可修剪成球。在园林中应用最多的是规模性修剪成形，配植有绿篱，栽于花坛中心或对植等（图3-100）。

图 3-100 大叶黄杨的园林应用

【移植与栽培养护】

1. 移植

可采用扦插、嫁接、压条繁殖，以扦插繁殖为主，极易成活。苗木移植多在春季 3～4 月进行，小苗可裸根移植，大苗需带土球移栽。大叶黄杨喜湿润环境，种植后应立刻浇透水，第二天浇二水，第五天浇三水，三水过后要及时松土保墒，并视天气情况浇水，以保持土壤湿润而不积水为宜。

2. 肥水管理

夏天气温高时也应及时浇水，并对其进行叶面喷雾，注意夏季浇水只能在早晚气温较低时进行，中午温度高时则不宜浇水。夏天大雨后，要及时将积水排除，积水时间过长容易导致根系因缺氧而腐烂，从而使植株落叶或死亡。入冬前应于 10 月底至 11 月初浇足浇透防冻水，3 月中旬也应浇足浇透返青水。

大叶黄杨喜肥，栽植时应施足底肥，肥料以腐熟肥、圈肥或烘干鸡粪为好，底肥要与种植土充分拌匀。移植成活后每年仲春修剪后施用一次氮肥，可使植株枝繁叶茂；在初秋施用一次磷、钾复合肥，可使当年生新枝条加速木质化，利于植株安全越冬。在植株生长不良时，可采取叶面喷施的方法来施肥，常用的有 0.5% 尿素溶液和 0.2% 磷酸二氢钾溶液。

十三、小叶黄杨

【学名】*Buxus sinica* var. *parvifolia* M. Cheng

【科属】黄杨科、黄杨属

【产区分布】

产于安徽（黄山）、浙江（龙塘山）、江西（庐山）、湖北（神农架及兴山）。分布于北京、天津、河北、山西、山东、河南、甘肃等地。

【形态特征】

常绿灌木，高2m。茎枝四棱，光滑，密集。叶小，对生，革质，椭圆形或倒卵形，先端圆钝，有时微凹，基部楔形，最宽处在中部或中部以上；有短柄，表面暗绿色，背面黄绿色，表面有柔毛，背面无毛，两面均光亮。花多在枝顶簇生，花淡黄绿色（图3-101），有香气。花期3~4月，果期8~9月。

图 3-101　小叶黄杨形态特征

【生长习性】

小叶黄杨性喜肥沃湿润土壤，忌酸性土壤。抗逆性强，耐水肥，具有耐寒、耐盐碱、抗病虫害等特性。极耐修剪整形。

【园林用途】

小叶黄杨枝叶茂密，叶光亮、常青，是常用的观叶树种。其抗污染，能吸收空气中的二氧化硫等有毒气体，对大气有净化作用，特别适合车辆流量较高的公路旁栽植绿化。为华北城市绿化、绿篱设置等的主要灌木品种（图3-102，见彩图）。

【移植与栽培养护】

1. 移植

小叶黄杨主要用播种、扦插、压条繁殖。宜作绿篱，绿篱常用

图 3-102　小叶黄杨园林应用

3～4 年生苗，在春季带土球移栽。

2. 肥水管理

小叶黄杨易栽培，干旱季节要注意适当浇水，要满足苗木对水分的需求；10～11 月，苗木生长趋缓，应适当控水，注意入冬前浇封冻水，来年 3 月中旬浇返青水。结合浇水，可在生长前期施磷酸二铵和尿素，7 月后停止施尿素，控制生长，安全越冬。

第四节　落叶灌木的移植与栽培养护

一、蜡梅

【学名】*Chimonanthus praecox*（Linn.）Link

【科属】蜡梅科、蜡梅属

【产地分布】

野生于山东、江苏、安徽、浙江、福建、江西、湖南、湖北、河南、陕西、四川、贵州、云南等地；广西、广东等省区均有栽培。

【形态特征】

落叶灌木，高可达 4～5m。常丛生。幼枝四方形，老枝近圆柱形，灰褐色。叶纸质至近革质，卵圆形、椭圆形、宽椭圆形至卵状椭圆形，有时长圆状披针形。花单生于二年生枝条叶腋，先叶开花，芳香，是冬季观赏的主要花木（图 3-103，见彩图）。花期 11

月至翌年 3 月，果期 4～11 月。

图 3-103　蜡梅形态特征

【生长习性】

蜡梅喜阳光，耐阴、耐寒、耐旱，忌渍水。较耐寒，在气温不低于－15℃时能安全越冬，北京以南地区可露地栽培，花期遇－10℃低温，花朵受冻害。耐修剪，易整形。

【园林应用前景】

蜡梅作为丛生花灌木为街道绿化所用，常片植、群植或孤植（图 3-104，见彩图）。片植形成蜡梅花林，或以蜡梅作主景，配以南天竹或其他常绿花卉，构成黄花红果相映成趣、风韵别致的景观。用蜡梅、鸡爪槭、月季、牡丹等树种混栽，灌木、乔木混合配置，高低相配，错落有致。

图 3-104　蜡梅园林应用

【移植与栽培养护】

1. 移植

蜡梅主要用播种、嫁接及分株繁殖。移栽在春季萌芽前进行，小苗裸根蘸泥浆移植，大苗带土球移植。栽前施足基肥，每株施5～8kg，栽后灌足水。

2. 肥水管理

蜡梅平时以维持土壤半墒状态为佳，雨季注意排水，防止土壤积水。干旱季节及时补充水分，开花期间，土壤保持适度干旱，不宜浇水过多。盆栽蜡梅在春秋两季，盆土不干不浇；夏季每天早晚各浇一次水，水量视盆土干湿情况控制。

每年花谢后施一次充分腐熟的有机肥；春季新叶萌发后至 6 月的生长季节，每 10～15 天施一次腐熟的饼肥水；7～8 月的花芽分化期，追施腐熟的有机肥和磷钾肥混合液；秋后再施一次有机肥。

二、石榴

【学名】*Punica granatum* Linn.

【科属】石榴科、石榴属

【产地分布】

石榴原产于伊朗、阿富汗等国家。中国南北各地除极寒地区外，均有栽培分布，主要分布在山东、江苏、浙江等地。

【形态特征】

别名安石榴、若榴、丹若等。落叶灌木或小乔木，在热带是常绿树。树冠丛状自然圆头形。生长强健，根际易生根蘖。树高可达5～7m，一般 3～4m，但矮生石榴仅高约 1m 或更矮。树干呈灰褐色，上有瘤状凸起，干多向左方扭转。小枝柔韧，不易折断。叶对生或簇生，呈长披针形至长圆形，或椭圆状披针形，表面有光泽。花两性，有钟状花和筒状花之别；花瓣倒卵形，花有单瓣、重瓣之分（图 3-105，见彩图）。花多红色，也有白色和黄色、粉红色、玛瑙等色。为多室、多子的浆果，每室内有多数子粒；外种皮肉质，呈鲜红、淡红或白色，多汁，甜而带酸，为可食用的部分；内种皮为角质，也有退化变软的，即软籽石榴。果石榴花期 5～6 月，果期 9～10 月。花石榴花期 5～10 月。

图 3-105　石榴形态特征

【生长习性】

石榴喜光、喜温暖的气候，有一定的耐寒能力，冬季休眠期
－17℃时发生冻害，建园应避开冬季最低温在－16℃以下的地区。
石榴较耐瘠薄和干旱，怕水涝，但生育季节需有充足的水分。喜湿
润肥沃的石灰质土壤。

【园林应用前景】

重瓣的花多难结实，以观花为主；单瓣的花易结实，以观果
为主。常孤植或丛植于庭院、游园之角，对植于门庭之出处，列
植于小道、溪旁、坡地、建筑物之旁，也宜做成各种桩景观赏
（图3-106，见彩图）。

【移植与栽培养护】

石榴可用播种、嫁接、扦插、压条等方法繁殖，以扦插为主。
一般春季萌芽前移栽，可裸根蘸泥浆移栽，栽植后立即灌透水，并
保持土壤湿润。生长期如果不下雨，每20天浇水1次，入冬前浇
封冻水。一般秋末施有机肥，生长季于花前、花后、果实膨大期和

图 3-106　石榴园林应用

花芽分化期及采果后进行追肥。

三、木槿

【学名】*Hibiscus syriacus* Linn.

【科属】木犀科、石楠属

【产地分布】

木槿原产东亚，主要分布在热带和亚热带地区。在我国分布于南至台湾、广东等，北至河北、陕西等省区。

【形态特征】

别名木棉、荆条、木槿花等。落叶灌木，高 3～4m，小枝密被黄色星状茸毛。叶菱形至三角状卵形，具深浅不同的 3 裂或不裂，先端钝，基部楔形，边缘具不整齐齿缺。花单生于枝端叶腋间，花瓣形状多变，有单瓣、重瓣；有淡紫色、粉色、白色等（图 3-107，见彩图）。蒴果卵圆形。花期 7～10 月。

【生长习性】

木槿喜光而稍耐阴，喜温暖、湿润气候，较耐寒，但在北方寒冷地区栽培需保护越冬，好水湿而又耐旱，对土壤要求不严，在重黏土中也能生长。萌蘖性强，耐修剪。

图 3-107　木槿形态特征

【园林应用前景】

　　木槿是夏、秋季的重要观花灌木，南方多作花篱、绿篱（图 3-108，见彩图），北方作庭园点缀及室内盆栽。木槿对二氧二硫与氯化物等有害气体具有很强的抗性，同时还具有很强的滞尘功能，是有污染工厂的主要绿化树种。

【移植与栽培养护】

　　木槿可用播种、扦插、压条等方法繁殖，以扦插为主。春秋两季均可移栽，可裸根蘸泥浆移栽，适当剪去部分枝梢，极易成活。当枝条开始萌动时，应及时追肥，以速效肥为主，促进营养生长；现蕾前追施 1～2 次磷、钾肥，促进植株孕蕾；5～10 月盛花期追肥 2 次，以磷、钾肥为主；冬季休眠期以农家肥为主，辅以适量无机复合肥。长期干旱无雨天气，应注意灌溉，而雨水过多时要排水防涝。

四、紫薇

【学名】*Forsythia koreana* "Sun Gold"

图 3-108　木槿园林应用

【科属】千屈菜科、紫薇属

【产地分布】

原产亚洲，我国广东、广西、四川、浙江、江苏、湖北、河南、河北、山东、安徽、陕西等地均有生长或栽培。

【形态特征】

别名百日红、满堂红、痒痒树等。落叶灌木或小乔木，高可达7m；树皮平滑，灰色或灰褐色；枝干多扭曲，小枝纤细，具4棱。叶互生或有时对生，纸质，椭圆形、阔矩圆形或倒卵形，无柄或叶柄很短。花淡红色或紫色、白色，常组成7～20cm的顶生圆锥花序；花瓣6，皱缩（图3-109，见彩图）。蒴果椭圆状球形或阔椭圆形，幼时绿色至黄色，成熟时或干燥时呈紫黑色。花期6～9月，

图 3-109　紫薇形态特征

果期 9～12 月。

【生长习性】

紫薇喜暖湿气候，喜光，略耐阴，喜肥，尤喜深厚肥沃的沙质壤土，耐干旱，忌涝，忌种在地下水位高的低湿处。有一定的抗寒性，北京以南地区可露地越冬。还具有较强的抗污染能力，对二氧化硫、氟化氢及氯气的抗性较强。

【园林应用前景】

紫薇作为优秀的观花乔木，被广泛用于公园绿化、庭院绿化、道路绿化、街区城市绿化等，在实际应用中可栽植于建筑物前、院落内、池畔、河边、草坪旁及公园中小径两旁（图 3-110，见彩图），也是作盆景的好材料。

图 3-110　紫薇园林应用

【移植与栽培养护】

紫薇常用播种、扦插、嫁接等方法繁殖，其中扦插方法更好，扦插成活率高，植株开花早，成株快。移植以 3 月至 4 月初为宜，裸根移植，起苗时保持根系完整。栽植前施足基肥，5～6 月酌情追肥。栽植后浇足水，生长期每 15～20 天浇水 1 次，入冬前浇一次封冻水。

五、紫荆

【学名】*Cercis chinensis* Bunge

【科属】豆科、紫荆属

【产地分布】

紫荆原产于中国，湖北西部、辽宁南部、河北、陕西、河南、甘肃、广东、云南、四川等地都有分布。

【形态特征】

别名满条红、紫株、箩筐树等。落叶灌木或小乔木，高 2～5m；树皮和小枝灰白色。叶纸质，近圆形或三角状圆形，宽与长相若或略短于长，先端急尖，嫩叶绿色，叶柄略带紫色。花紫红色或粉红色，2～10 余朵成束，簇生于老枝和主干上（图 3-111，见彩图），尤以主干上花束较多，越到上部幼嫩枝条则花越少，通常花先于叶开放，但嫩枝或幼株上的花则与叶同时开放。荚果扁狭长形，绿色，阔长圆形，黑褐色，光亮。花期 3～4 月；果期 8～10 月。

图 3-111　紫荆形态特征

【生长习性】

紫荆性喜光照，有一定的耐寒性。喜肥沃、排水良好的土壤，不耐积水。萌蘖性强，耐修剪。

【园林应用前景】

紫荆花朵漂亮，花量大，花色鲜艳，是春季重要的观赏灌木。适合绿地孤植、丛植，或与其他树木混植，也可作庭院树或行道树与常绿树配合种植。巨紫荆为乔木，胸径可达 40cm，高 15m，具有生长快、干性好、株形丰满等特点，适合作行道树（图 3-112～图 3-114）。

图 3-112　紫荆园林应用（一）

图 3-113　紫荆园林应用（二）

图 3-114　巨紫荆行道树

【紫荆属介绍】

豆科、紫荆属约 8 种，分布于北美、东亚和南欧，我国有 5

种，产于我国的西南和中南地区，有紫荆、黄山紫荆、广西紫荆、湖北紫荆、垂丝紫荆，其中常见栽培的紫荆为乔木或灌木。巨紫荆 *Cercis gigantea* 为落叶乔木或大乔木；加拿大紫荆 *Cercis canadensis* 为小乔木，高可达 12m。

【移植与栽培养护】

紫荆可用播种、嫁接、扦插等方法繁殖。移植在春季萌芽前进行，裸根移植，移植前施足基肥，栽植后立即灌透水。

紫荆耐旱，怕涝，但喜湿润环境，每年春季萌芽前至开花期间浇水 2～3 次，秋季切忌浇水过多，入冬前浇封冻水。

紫荆喜肥，肥足则枝繁叶茂，花多色艳，缺肥则枝稀叶疏，花少色淡。应在定植时施足底肥，以腐熟有机肥为好。正常管理后，每年花后施一次氮肥，促长势旺盛，初秋施一次磷钾复合肥，利于花芽分化和新生枝条木质化后安全越冬。初冬结合浇冻水，施用牛马粪。植株生长不良可叶面喷施 0.2% 磷酸二氢钾溶液和 0.5% 尿素溶液。

六、榆叶梅

【学名】*Amygdalus triloba*（Lindl.）Ricker

【科属】蔷薇科、桃属

【产地分布】

产于黑龙江、吉林、辽宁、内蒙古、河北、山西、陕西、甘肃、山东、江西、江苏、浙江等地。全国各地多数公园内均有栽植。

【形态特征】

别名小桃红。落叶灌木，稀小乔木，高 2～3m；枝条开展，叶片宽椭圆形至倒卵形，先端短渐尖，常 3 裂，叶边具粗锯齿或重锯齿。花 1～2 朵，先于叶开放，花瓣近圆形或宽倒卵形，粉红色（图 3-115，见彩图）。果实近球形，外被短柔毛。花期 4～5 月，果期 5～7 月。榆叶梅品种极为丰富，花瓣有单瓣、重瓣，颜色有深、有浅，据调查，北京具有 40 多个品种。

【生长习性】

榆叶梅喜光，稍耐阴，耐寒，能在－35℃下越冬。对土壤要求

图 3-115　榆叶梅形态特征

不严，以中性至微碱性而肥沃土壤为佳。根系发达，耐旱力强。不耐涝。抗病力强。生于低至中海拔的坡地或沟旁乔、灌木林下或林缘。

【园林应用前景】

榆叶梅是早春优良的观花灌木，花形、花色均极美观，可孤植、丛植，广泛用于草坪、公园、庭院的绿化和美化，适宜在各类园林绿地中种植（图 3-116，见彩图）。

图 3-116　榆叶梅园林应用

【移植与栽培养护】

榆叶梅的繁殖可以采取嫁接、播种、压条等方法，但以嫁接效果最好。春秋两季均可带土球移植，为促进大苗移植后生长，可在移植前半年进行断根处理，对移植成活有利。榆叶梅喜湿润环境，但也较耐干旱。移栽后头一年还应特别注意水分的管理，在夏季要及时供给植株充足的水分，防止因缺水而导致苗木死亡。在进入正常管理后，要注意浇好三次水，即早春的返青水、仲春的生长水、初冬的封冻水。榆叶梅喜肥，定植时可施足底肥，以后每年春季花落后、夏季花芽分化期、入冬前各施一次肥。

七、紫丁香

【学名】*Syringa oblata*

【科属】木犀科、丁香属

【产地分布】

产于我国东北、华北、西北地区，现长江流域也引种栽培。

【形态特征】

落叶灌木或小乔木，高可达 5m；树皮灰褐色或灰色。小枝较粗，疏生皮孔。叶片革质或厚纸质，卵圆形至肾形，宽常大于长，上面深绿色，下面淡绿色。圆锥花序直立，近球形或长圆形，花冠紫色（图 3-117，见彩图）。果倒卵状椭圆形、卵形至长椭圆形。花期 4～5 月，果期 6～10 月。

图 3-117　紫丁香形态特征

【生长习性】

紫丁香喜光，稍耐阴，阴处或半阴处生长衰弱，开花稀少。喜温暖、湿润，有一定的耐寒性和较强的耐旱力。对土壤的要求不严，耐瘠薄，喜肥沃、排水良好的土壤，忌在低洼地种植，积水会引起病害，直至全株死亡。

【园林应用前景】

　　紫丁香属植物主要应用于园林观赏，已成为全世界园林中不可缺少的花木。可丛植于路边、草坪或向阳坡地，或与其他花木搭配栽植在林缘，也可在庭前、窗外孤植（图3-118，见彩图），或将各种丁香穿插配植，布置成丁香专类园。丁香对二氧化硫及氟化氢等多种有毒气体都有较强的抗性，故又是工矿区等绿化、美化的良好材料。

图 3-118　紫丁香园林应用

【移植与栽培养护】

　　紫丁香可用播种、扦插、嫁接、分株、压条繁殖。紫丁香一般在春季萌芽前裸根栽植，栽植3～4年生大苗，需带土球，并对地上枝干进行强修剪，一般从离地面30cm处截干，翌年即可开花。紫丁香宜栽于土壤疏松而排水良好的向阳处，栽植时施足基肥，栽植后浇透水，缓苗期每10天浇水1次。以后灌溉可依地区不同而定，华北地区，4～6月是丁香生长旺盛并开花的季节，每月要浇2～3次透水，7月以后进入雨季，则要注意排水防涝。到11月中旬入冬前要灌足水。

　　紫丁香一般不施肥或少施，切忌施肥过多，否则会引起徒长，影响花芽形成。但在花后应施磷、钾肥（每株不超过75g）、氮肥（每株25g）。一般每年或隔年入冬前施1次腐熟的堆肥，需充分腐熟并与土壤均匀混拌，株施500g左右。

八、牡丹

【学名】*Paeonia suffruticosa*

【科属】芍药科、芍药属

【产地分布】

牡丹原产于中国西部秦岭和大巴山一带山区，是我国特有的木本名贵花卉。经过多年栽培技术的改进，目前牡丹的栽植遍布了全国各省、市、自治区。栽培面积较大较集中的有菏泽、洛阳、北京、临夏、天彭县、铜陵县等。

【形态特征】

别名花王、洛阳花、富贵花、木芍药等。落叶灌木。株高多在0.5～2m；分枝短而粗。根系发达，具有多数深根形的肉质主根和侧根。叶通常为二回三出复叶，偶尔近枝顶的叶为 3 小叶；顶生小叶宽卵形，3 裂至中部，裂片不裂或 2～3 浅裂，表面绿色，背面淡绿色。花单生枝顶，花瓣 5 片或多片，花瓣倒卵形，顶端呈不规则的波状；按花瓣多少可分为单瓣类、重瓣类、千瓣类；花色有玫瑰色、红紫色、粉红色、白色等，通常变异很大（图 3-119，见彩

图 3-119　牡丹花的形态特征

图）；蓇葖长圆形，密生黄褐色硬毛。花期 5 月；果期 6 月。

【生长习性】

牡丹性喜温暖、凉爽，耐寒，最低能耐－30℃的低温。喜阳光，也耐半阴，充足的阳光对其生长较为有利，但不耐夏季烈日暴晒。耐干旱，忌积水。适宜在疏松、深厚、肥沃、地势高燥、排水良好的中性沙壤土中生长。在酸性或黏重土壤中生长不良。

【园林应用前景】

牡丹是我国特有的木本名贵花卉，素有"国色天香""富贵之花""花中之王"的美称。可孤植、丛植于园林绿地、庭园等处，观赏效果极佳。在园林中常用作专类园，供重点美化区应用（图 3-120，见彩图）。

图 3-120　牡丹园观赏效果

【移植与栽培养护】

牡丹可用播种、嫁接、分株法繁殖。秋季是牡丹的最佳栽植时期，以 9 月中旬至 10 月下旬带土球移栽为宜。牡丹是深根性肉质根，平时浇水不宜过多，宜干不宜湿。栽培牡丹基肥要足，基肥可用堆肥、饼肥或粪肥。通常一年施肥 3 次，即开花前半个月喷一次磷肥为主的肥水加花朵壮蒂灵；花后半个月施一次复合肥；入冬前施一次有机肥。

九、连翘

【学名】*Forsythia koreana* "Sun Gold"

【科属】木犀科、连翘属

【产地分布】

中国北部和中部有分布，朝鲜也有分布。

【形态特征】

连翘为落叶灌木，植株高 0.8～1.2m，冠椭圆形或卵形，枝干丛生，枝开展，小枝黄色，弯曲下垂。单叶对生，边缘具锯齿或全缘，叶上面深绿色，下面淡黄绿色。花腋生，黄色，具 4 裂片，裂片长于筒部（图 3-121，见彩图）。蒴果卵形。花期 3～4 月，果期 7～9 月。

图 3-121 金叶连翘形态特征

【生长习性】

连翘耐干旱，抗寒性强，喜光，栽植于阳光充足或稍遮阴、偏酸性、湿润、排水良好的土壤。在钙质土壤上生长良好。

【园林应用前景】

连翘广泛用于城市美化，早春先叶开花，花开满枝金黄，艳丽可爱，是早春优良观花灌木。适于宅旁、亭阶、墙隅、篱下与路边配置，也适于溪边、池畔、岩石、假山下栽种（图 3-122，见彩图）。

【移植与栽培养护】

连翘可用种子、扦插、压条、分株等方法进行繁殖，生产上以种子、扦插繁殖为主。连翘常在落叶后移植，一般裸根移植。栽植前穴内施足基肥，以后可不再追肥。萌芽前至花前灌水 2～3 次，夏季干旱时灌水 2～3 次，秋后土壤结冻前灌一次水，雨季注意排

图 3-122　连翘园林应用

水。定植后，每年冬季结合松土除草施入腐熟厩肥、饼肥或土杂肥，用量为幼树每株 2kg，大树每株 10kg。

十、中华金叶榆

【学名】*Ulmus pumila* cv. *jinye*

【科属】榆科、榆属

【产地分布】

在我国广大的东北、西北地区生长良好，同时有很强的抗盐碱性，在沿海地区可广泛应用。其生长区域北至黑龙江、内蒙古，东至长江以北的江淮平原，西至甘肃、青海、新疆，南至江苏、湖北等省，是我国目前彩叶树种中应用范围最广的一个。

【形态特征】

中华金叶榆是白榆（落叶乔木）变种。叶片金黄色，有自然光泽，色泽艳丽；叶脉清晰，质感好；叶卵圆形，比普通白榆叶片稍短；叶缘具锯齿，叶尖渐尖，互生于枝条上。一年中叶色随季节发生变化，初春娇黄，夏初叶片变得金黄艳丽，盛夏后至落叶前，树冠中下部的叶片渐变为浅绿色，枝条中上部的叶片仍为金黄色（图3-123，见彩图）。金叶榆的枝条萌生力很强，比普通白榆更密集，树冠更丰满。

【生长习性】

中华金叶榆根系发达，耐贫瘠，对寒冷、干旱气候具有极强的适应性，抗逆性强，可耐－36℃的低温，同时有很强的抗盐碱性。

图 3-123　中华金叶榆形态特征

工程养护管理比较粗放，定植后灌一两次透水就可以保证成活。对榆叶甲类有明显抗虫性，无明显病害。

【园林应用前景】

中华金叶榆生长迅速，枝条密集，耐强度修剪，造型丰富，用途广泛。既可培育为黄色乔木，作为园林风景树，又可培育成黄色灌木及高桩金球，广泛应用于绿篱、色带、拼图、造型（图 3-124、图 3-125，见彩图）。

图 3-124　中华金叶榆园林应用（一）

【移植与栽培养护】

1. 移植

中华金叶榆可用扦插、嫁接法繁殖，嫁接法一般以白榆为砧

图 3-125　中华金叶榆园林应用（二）

木，采用大苗砧木高接，也可在一年或二年生白榆实生苗上嫁接。移植一般在秋季落叶后至春季萌芽前进行，裸根移植，要尽量多带根，大苗要剪去部分枝，栽植要求苗正，根系舒展。

2. 肥水管理

成活后每年春季萌芽前浇一次透水，北方初春旱风较厉害，相隔 7～10 天再补一次水，避免因风造成苗木失水死亡。夏季金叶榆生长旺盛，应根据土壤干旱情况及时浇水；雨季减少浇水次数，土壤以见湿见干最佳。

金叶榆早春萌芽前主要以施氮、磷、钾复合肥较好，又因金叶榆根系发达，需要吸收土壤中大量的养分，故同时施用一些腐熟发酵的有机肥，不仅可以提升土壤的肥力和活性，还可以平衡整株营养，提升萌芽力。一般每 2 年施用一次化肥，同时掺拌有机肥。

十一、小叶女贞

【学名】*Ligustrum quihoui* Carr.

【科属】木犀科、女贞属

【产区分布】

产于陕西南部、山东、河北、江苏、安徽、浙江、江西、云南、西藏等地。

【形态特征】

落叶灌木，高1～3m。小枝淡棕色，圆柱形，密被微柔毛，后脱落。叶片薄革质，形状和大小变异较大，披针形、长圆状椭圆形、椭圆形等，叶缘反卷，上面深绿色，下面淡绿色。圆锥花序顶生，近圆柱形，花冠长4～5mm（图3-126，见彩图）。果倒卵形、宽椭圆形或近球形，呈紫黑色。花期5～7月，果期8～11月。

图 3-126 小叶女贞形态特征

【生长习性】

小叶女贞喜阳，稍耐阴，较耐寒，但幼苗不甚耐寒。华北地区可露地栽培；对二氧化硫、氯化氢等有毒气体有较好的抗性。耐修剪，萌发力强。适生于肥沃、排水良好的土壤。

【园林用途】

小叶女贞为园林绿化中的重要绿篱材料；小叶女贞球主要用于道路绿化、公园绿化、住宅区绿化等（图3-127、图3-128，见彩图）。其抗多种有毒气体，是优秀的抗污染树种。

【移植与栽培养护】

小叶女贞可用播种、扦插和分株方法繁殖，但以播种繁殖为主。移植以春季2～3月份为宜，秋季亦可。一般中小苗带宿土，大苗需带土球，栽植时不宜过深。为提高成活率，可剪去部分枝叶，减少水分蒸发。定植时，在穴底施肥，促进生长。

图 3-127　小叶女贞园林应用（一）

图 3-128　小叶女贞园林应用（二）

十二、紫叶小檗

【学名】*Berberis thunbergii* cv. *atropurpurea* Chenault

【科属】小檗科、小檗属

【产地分布】

产于中国浙江、安徽、江苏、河南、河北等地。中国各地广泛栽培。

【形态特征】

紫叶小檗也叫红叶小檗，为落叶灌木，高 1～2m。叶深紫色或红色，幼枝紫红色，老枝灰褐色或紫褐色，具刺。叶全缘，菱形或倒卵形，在短枝上簇生。花单生或2～5朵成短总状花序，黄色，下垂，花瓣边缘有红色纹晕（图3-129，见彩图）。浆果红色，宿存。花期4月，果期8～10月。

图3-129　紫叶小檗形态特征

【生长习性】

紫叶小檗喜凉爽湿润环境，既耐寒也耐旱，不耐水涝，喜阳也能耐阴，萌蘖性强，耐修剪，对各种土壤都能适应，在肥沃深厚、排水良好的土壤中生长更佳。

【园林应用前景】

紫叶小檗是园林绿化中色块组合的重要树种，适宜在园林中作花篱或在园路角丛植、大型花坛镶边或剪成球形对称状配植，或点缀在岩石间、池畔（图3-130，见彩图）。

图3-130　紫叶小檗园林应用

【移植与栽培养护】

紫叶小檗可用播种、扦插、分株法繁殖。移植常在春季或秋季进行，可以裸根带宿土或蘸泥浆栽植，如能带土球移植更有利于恢复。栽植后灌透水，并进行强度修剪。小檗适应性强，长势强健，管理也很粗放，浇水应掌握见干见湿的原则，不干不浇。较耐旱，但长期干旱对其生长不利，高温干燥时，如能喷水降温增湿，对其生长发育大有好处。生长期间，每月应施一次20%的饼肥水等液肥。秋季落叶后，在根际周围开沟施腐熟有机肥。

第五节　藤本与竹类的移植与栽培养护

一、凌霄

【学名】*Campsis grandiflora*（Thunb.）Schum

【科属】紫葳科、凌霄属

【产地分布】

产于长江流域各地，以及河北、山东、河南、福建、广东、广西、陕西。

【形态特征】

落叶攀缘藤本；茎木质，表皮脱落，枯褐色，以气生根攀附于它物之上。叶对生，为奇数羽状复叶；小叶7～9枚，卵形至卵状披针形，顶端尾状渐尖，基部阔楔形，两侧不等大，边缘有粗锯齿。顶生疏散的短圆锥花序，花萼钟状，分裂至中部，裂片披针形。花冠内面鲜红色，外面橙黄色，裂片半圆形。蒴果顶端钝（图3-131，见彩图）。花期5～8月。

【生长习性】

凌霄喜充足阳光，也耐半阴。适应性较强，耐寒、耐旱、耐瘠薄、耐盐碱，病虫害较少，但不适宜在暴晒或无阳光下生长。以排水良好、疏松的中性土壤为宜，忌酸性土。

【园林应用前景】

干枝扭曲多姿，翠叶团团如盖，花大色艳，花期甚长，为

图 3-131 凌霄形态特征

庭园中棚架、花门之良好绿化材料。适用于攀缘墙垣、枯树、石壁，或点缀于假山间隙，繁花艳彩（图 3-132，见彩图）。厚萼凌霄藤本，具气生根，长达 10m，更具独特的观赏价值（图 3-133，见彩图）。

图 3-132 凌霄的园林应用

【移植与栽培养护】

凌霄主要用扦插、压条繁殖，也可用分株或播种繁殖。移栽可在春、秋两季进行，带宿土，远距离运输应蘸泥浆，并保湿包装。大苗应带土球移植。栽植前在穴内施足有机肥，栽后应设立支架，使枝条攀缘而上，连浇 3～4 次透水。发芽后应加强肥水管理，一般每月喷 1～2 次叶面肥。

栽植成活后，每年开花之前施一些复合肥，并进行适当灌溉，使植株生长旺盛、开花茂密。凌霄喜肥，但是不喜欢大肥，不要施肥过多，否则影响开花。一般冬季休眠前施基肥。

图 3-133　厚萼凌霄（长长的气生根）

二、紫藤

【学名】*Wisteria sinensis* (Sims) Sweet

【科属】豆科、紫藤属

【产地分布】

原产中国，朝鲜、日本亦有分布。华北地区多有分布，以河北、河南、山西、山东最为常见。中国南至广东，北至内蒙古将其普遍栽培于庭园，以供观赏。

【形态特征】

别名朱藤、藤萝等。落叶藤本。茎右旋，枝较粗壮，嫩枝被白色柔毛，后秃净。奇数羽状复叶，小叶 3～6 对，纸质，卵状椭圆形至卵状披针形。花为总状花序，在枝端或叶腋顶生，长达 20～50cm，下垂，花密集，蓝紫色至淡紫色等，有芳香。每个花序可着花 50～100 朵。花冠旗瓣圆形，花开后反折。荚果倒披针形，悬垂枝上不脱落（图 3-134，见彩图）。花期 4～5 月，果期 5～8 月。

图 3-134　紫藤形态特征

【生长习性】

紫藤为暖温带及温带植物，对气候和土壤的适应性强，较耐寒，能耐水湿及瘠薄土壤，喜光，较耐阴。以土层深厚、排水良好、向阳避风的地方栽培最适宜。主根深，侧根浅，不耐移栽。生长较快，寿命很长。缠绕能力强，对其他植物有绞杀作用。

【园林应用前景】

常见的品种有多花紫藤、银藤、红玉藤、白玉藤、南京藤等，是优良的观花藤本植物，一般应用于园林棚架，适栽于湖畔、池边、假山、石坊等处，具独特风格，盆景也常用（图 3-135，见彩图）。它对二氧化硫和氧化氢等有害气体有较强的抗性，对空气中的灰尘有吸附能力，有增氧、降温、减尘、减少噪声等作用。

【移植与栽培养护】

1. 移植

紫藤繁殖容易，可用播种、扦插、压条、分株、嫁接等繁殖方法，主要用扦插。多于早春移植，移植前须先搭架，并将粗枝分别系在架上，使其沿架攀缘，由于紫藤寿命长，枝粗叶茂，制架材料必须坚实耐久。

图 3-135　紫藤园林应用

2. 肥水管理

幼树初定植时，枝条不能形成花芽，以后才会着花生蕾。如栽种数年仍不开花，一是因树势过旺，枝叶过多；二是树势衰弱，难以积累养分。前者采取部分切根和疏剪枝叶措施，后者增施肥料即能开花。一般萌芽前可施氮肥、过磷酸钙等；夏秋季生长旺盛期追施 2～3 次即可。

紫藤的主根很深，所以有较强的耐旱能力，但喜欢湿润的土壤，注意不能让根泡在水里，否则会烂根。应选择土层深厚、土壤肥沃且排水良好的高燥处，过度潮湿易烂根。

三、木香

【学名】*Rosa banksiae* W. T. Ait.

【科属】蔷薇科、蔷薇属

【产地与分布】

原产中国西南地区及秦岭、大巴山。生于溪边、路旁或山坡灌丛中。

【形态特征】

别名木香花、木香藤、锦棚花。常绿或半常绿攀缘小灌木，高可达 6m；小枝圆柱形，无毛，有短小皮刺；老枝上的皮刺较大，坚硬，经栽培后有时枝条无刺。小叶 3～5，稀 7，椭圆状卵形或长圆披针形，先端急尖或稍钝，基部近圆形或宽楔形，边缘有紧贴细锯齿。花小，多朵成伞形花序，花直径 1.5～2.5cm；花瓣重瓣至半重瓣，白色或黄色（图 3-136，见彩图），倒卵形，先端圆，基部楔形。花期 4～5 月。

图 3-136　木香形态特征

【生长习性】

木香喜温暖湿润和阳光充足的环境，耐寒冷和半阴，怕涝。地栽可植于向阳、无积水处，对土壤要求不严，但在疏松肥沃、排水良好的土壤中生长好。

【园林应用前景】

木香花是中国传统花卉，可攀缘于棚架，也可作为垂直绿化材料，攀缘于墙垣或花篱，也可孤植于草坪、路边、林缘坡地（图 3-137，见彩图）。

【移植与栽培养护】

木香可用扦插或压条法繁殖。木香管理粗放，移植在秋季落叶后或春季芽萌动前进行，移植前先对枝蔓进行强修剪，裸根或带宿土移植，大苗宜带土球移植。北方秋季移栽需注意保护越冬。木香对土壤要求不严，但在疏松肥沃、排水良好的土壤生长较好，喜湿润，避免积水；春季萌芽后施 1～2 次复合肥，以促进花大味香，入冬后在根部周围开沟施腐熟有机肥，并浇透水。

图 3-137 木香园林应用

四、葡萄

【学名】*Vitis vinifera*

【科属】葡萄科、葡萄属

【产地与分布】

中国葡萄多分布在北纬 30°～43°之间。我国葡萄主产区为环渤海地区和西北地区，主要分布于辽宁、河北、山东、北京、新疆。

【形态特征】

落叶木质藤本。小枝圆柱形，有纵棱纹。卷须 2 叉分枝，与叶对生。叶卵圆形，显著 3～5 浅裂或中裂（图 3-138，见彩图），边

图 3-138 葡萄形态特征

缘有锯齿，齿深而粗大，不整齐，齿端急尖。叶上面绿色，下面浅绿色，无毛或被疏柔毛。圆锥花序密集或疏散，多花，花与叶对生；花蕾倒卵圆形，花瓣5，呈帽状脱落。果实球形或椭圆形，有紫色、红色、黄绿色等，花期4～5月，果期8～10月。

【生长习性】

葡萄对土壤的适应性较强，除了沼泽地和重盐碱地不适宜其生长外，其余各类型土壤都能栽培，而以肥沃的沙壤土最为适宜。喜光，光照不足时，新梢生长细弱，产量低，品质差。喜温暖，在休眠期，欧亚品种成熟新梢的冬芽可忍受-17～-16℃的低温，多年生老蔓在-20℃时发生冻害。根系抗寒力较弱，-6℃时经2天左右被冻死，北方寒冷地区，需要埋土防寒。北方地区采用东北山葡萄或贝达葡萄作砧木，可提高根系抗寒力，其根系可耐-16℃和-11℃的低温，可减少冬季防寒埋土厚度。

【园林应用】

葡萄为藤本攀缘植物，树形随架势变化多样，可作庭院观赏、长廊、垂直绿化材料（图3-139，见彩图）。

图3-139　葡萄园林应用

【移植与栽培养护】

葡萄主要用扦插繁殖。移栽主要在春季裸根栽植，栽植前施足基肥，栽后灌透水。

基肥在果实采摘后土壤封冻前施入效果为好，以有机肥和磷钾肥为主，根据树势配施一定量的氮肥。基肥施入量应随树龄增大而增加，幼龄树每株施农家肥 30～50kg，初结果施 50～100kg，成龄果树施 100～130kg。

葡萄一年追肥 3～4 次，萌芽前追施氮肥；在开花前追施氮肥并配施一定量的磷肥和钾肥；开花后，当果实如绿豆粒大小的时候，追施氮肥；在果实着色的初期，可适当追施少量的氮肥并配合磷、钾肥，以改善果实的内外品质。每次施肥结合灌水。

第六节　竹类的移植与栽培养护

一、竹的种类与选择

竹，禾本科竹亚科植物的通称，一般为木本。根据近年来的发现，还包括少数草本和近草本的种类，称为草本状竹。

1. 竹的形态

竹具地下茎、竹竿、枝、叶、花、果等器官（图 3-140）。

（1）地下茎　也叫竹鞭，是养分和水分输导、存贮、生长竹竿和繁殖更新的主要器官。又可分为合轴型和单轴型两大基本类型，以及介乎二者之间的复轴型。

（2）竹竿　竹的主体，分竿柄、竿基、竿茎三部分（图 3-141）。

① 竿柄　是竹竿最下面的部分，与竹鞭或母竹的竿基相连，细小，节间短缩，不生根，由十数节组成，是竹的地上和地下系统连接输导的枢纽。

② 竿基　是竹竿的入土生根部分，由数节至数十节组成，节间短而粗。

2. 竹的种类

竹种类很多，全世界共 70 属，约 1000 种，分布于东南亚、中美洲和中非。我国现有竹 37 属，500 多种（不含引进种）。竹可分为观竿色型、观竿形型、观赏叶型、观笋型等类型。竹竿色彩丰富的竹子有：紫竹、黄纹竹、金镶玉竹、小琴丝竹等。竹竿形态奇异的竹子有：罗汉竹、龟甲竹、小佛肚竹、大佛肚竹、筇竹等。叶色

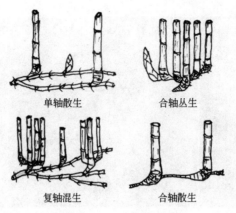

单轴散生 合轴丛生

复轴混生 合轴散生

图 3-140 竹地下茎种类

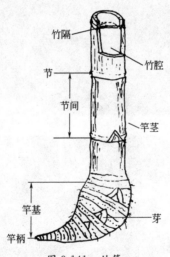

竹隔

竹腔

节

节间

竿茎

竿基

竿柄

芽

图 3-141 竹竿

彩或叶形独特的竹子有：翠竹、菲白竹、铺地竹、鸡毛竹、菲黄等。笋色彩美观的竹子有：红竹、白哺鸡竹、花竹等（图 3-142，见彩图）。

3. 竹的选择

竹在种类的选择上，除要考虑"珍""奇"外，还要考虑竹子的区域适应性，有的竹子在 0℃ 以下就会冻死，有的竹子在热带地

黄金间碧玉竹　　　小琴丝竹　　　龟甲竹　　　大佛肚竹

红竹　　　白哺鸡竹

铺地竹　　　菲白竹　　　菲黄竹

图 3-142　竹 的 种 类

区生长不良，有的竹子在光线不好的环境也难以生长，因此，各地
应根据竹子的特性选择竹子的种类。

二、竹的种植时间

竹有别于其他植物，生长有其特殊性，它是依靠地下茎（俗称竹鞭）上的笋芽发育长成竹笋，再长成新竹，竹每年均会发笋长竹。新竹在 1~4 个月内即可完成高度、直径生长，以后不再增加。

1. 散生竹

散生竹通常是在春季 3~5 月开始发笋，多数竹种 6 月份基本完成高生长，并抽枝长叶，8~9 月大量长鞭，进入 11 月后，随着气温的降低，生理活动逐渐缓慢，至翌年 2 月，伴随气温回升，逐渐恢复生理活动。根据这一生长节律，散生竹理想的栽植时间应该是在 10 月至翌年 2 月，尤以 10 月份的"小阳春"最好。冬季11~12 月种竹，尽管雨量少，天气干燥，但此时竹子的生理活动趋弱，蒸腾作用不强，成活率也较高。长江中下游地区，正常年份可在梅雨季节移竹造林。值得注意的是，春季 3~5 月出笋期不宜栽竹。

2. 丛生竹

一般 3~5 月竹竿发芽，6~8 月发笋，且丛生竹不耐严寒。所以丛生竹种植最好在春季 2 月竹子芽眼尚未萌发、竹液开始流动前进行最好。

3. 混生竹

混生竹生长发育规律介于散生竹与丛生竹之间，5~7 月发笋长竹，所以栽竹季节以秋冬季 10~12 月和春季 2~3 月为宜。

三、整地和挖穴

竹子生长要求土层深度 30~80cm（中小径竹 40cm 即可，大径竹如毛竹则要求 50~80cm）、肥沃、湿润、排水和透气性能良好的沙质壤土，微酸性或中性，以 pH 4.5~7.0 为宜，地下水位 1m 以下（毛竹）或 50cm 以下（中小径竹）。

1. 整地

整地是竹子种植前的重要环节，整地的好坏直接影响造竹质量的高低和成林速度的快慢。采用全面耕翻，深度 30cm，清除土壤中的石块、杂草、树根等杂物。如土壤过于黏重、盐碱土或建筑垃圾太多，则应采用增施有机肥、换土或填客土等方法进行改良，有

利于竹子的生根、行鞭。

　　大多数竹种忌水湿，因此，平坦地移竹，要做好排水系统，大雨过后无积水，免受涝渍，以提高成活率。

2. 挖穴

　　整好地后，即可挖种植穴。种植穴的密度和规格，根据不同的竹种、竹苗规格和工程要求具体而定。在园林绿化工程上，一般中小径竹每平方米 3～4 株，株行距 50～60cm，种植穴的规格为穴长60cm、宽 35cm、深 35cm。

四、竹的栽植方法

　　不同类型的竹种，繁殖方法不同。一般丛生竹的竹蔸、竹枝、竹竿上的芽，都具有繁殖能力，故可采用移竹、埋蔸、埋节等方法；而散生竹类的竹竿和枝条没有繁殖能力，只有竹蔸上的芽才能发育成竹鞭和竹子，故常采用移竹、移鞭等方法繁殖。

1. 移竹法（图 3-143）

　　（1）选母竹　竹苗的质量对移竹质量影响很大，优质的竹苗移植后容易成活和满园，劣质竹苗不易栽活，即使成活了也是发笋少，难满园。

图 3-143　移竹法栽植

　　散生竹母竹应选择 1～2 年生、中等大小、生长健壮、分枝低、枝叶繁茂、鞭色鲜黄、鞭芽饱满、鞭根健全、无病虫害的竹株。

丛生竹母竹的选择，除上述散生竹要求外，还应注意竿基芽眼要肥大充实，须根发达。1～2 年生健壮母竹一般都着生在竹丛的边缘，竿基入土较深，芽眼和根系发育较好，便于挖掘，应尽量从这些竹株中选取。

(2) 挖掘母竹　挖掘母竹时，工具要锋利。散生竹母竹规格要求来鞭长 30～40cm，去鞭长 50～70cm，竹竿留枝 3～5 盘，截去顶梢，截口要平滑，鞭蔸多留宿土。丛生竹母竹可从竿柄处用利器与竹蔸丛切开，注意不要损伤竿基芽眼，竹蔸的支根、须根应尽量保留，切口不要劈裂。母竹挖掘后不能立即栽植或需要远途运输的，应放在阴凉背风处，适当浇水或用湿草包扎竹蔸，也可假植。异地长途运输，运输途中要注意保湿，用雨布把竹苗包裹好，以免被大风吹袭失水，装车时再进行补湿，保证竹苗健壮优良。

(3) 母竹栽植　母竹运到种植地后，应立即种植。竹子宜浅栽不可深栽，母竹根盘表面比种植穴面低 3～5cm 即可。

首先，将表土或有机肥与表土拌匀后回填种植穴内，一般厚10cm。然后解除母竹根盘的包扎物，将母竹放入穴内，根盘面与地表面保持平行，使鞭根舒展，下部与土壤密接，然后先填表土，后填心土，分层踏实，使根系与土壤紧密相接。填土踏实过程中注意勿伤鞭芽。丛生竹母竹栽植时，必须使竿基两侧芽眼都倾向水平位置，并使顶端切口向上。

栽植后浇足"定根水"，进一步使根土密接。待水全部渗入土中后再覆一层松土，在竹竿基部堆成馒头形。最后可在馒头形土堆上加盖一层稻草，以防止种植穴水分蒸发。如果母竹高大或在风大的地方需加支架，以防风吹竹竿摇晃，根土不能密接，降低成活率。

2. 移鞭法

母竹不足时可采用移鞭法建园。移鞭的优点是不带母竹，运输方便。但竹鞭上长出的新竹细小，成林时间长，同时若当年不发新竹，母鞭得不到足够的有机养分供应，会失去生活能力，第二年也不会再发笋长竹。

3. 埋蔸、埋节

(1) 埋蔸法　选择强壮的竹蔸，在其上留竹竿长 30～40cm，

斜埋于种植穴中，覆土 15～20cm。

（2）埋节（图 3-144）选择生长健壮的 1～2 年生竹竿，剪去各节的侧枝，截成 1～2 节的段，作为埋竿或埋节的材料。一般节下留 20～25cm，节上留 10cm 左右。最好随砍随埋，成活率高，不能及时埋的，可放在流动的清水中或埋入湿沙中。

图 3-144　埋节法栽植

为促进生根，埋节前可用激素处理，常用 10mg/L 的萘乙酸处理竹节；为促节上隐芽发笋生根，可在各节上方 8～10cm 处，锯两个环，深达竹青部分，经处理的竹竿节部的成苗率可以提高不少。

埋节有平埋、斜埋、直埋三种方法，土壤干燥、日晒强烈处可平埋。按株行距 15cm×20cm 开沟，沟深、宽各 10～15cm，将各节切口塞满湿泥，双节段还需在两节之间凿一小口，注入湿泥。将竹节平放在沟内，将节上的芽向两侧，覆土 3cm，稍加压实，再盖湿草淋水。斜埋时，沟深 20～30cm，将节上的芽向两侧，节基部略低，上部略高，微斜卧沟中，覆土 10～15cm，略高于地面，再盖草保湿。

埋节后要经常养护，雨水多时要排水，干旱时要及时灌水，出现露节现象时要及时培土。隐芽出土 3cm 时，要及时抹除多余的弱芽，然后覆土。生根后要施稀薄的人粪尿或氮肥，以利其生长。

五、栽植后的管理

1. 浇水保湿促成活

新栽的竹苗经过起挖、运输、栽植等一系列活动，鞭根受到损伤，吸收水分的能力减弱或短时间丧失。如土壤水分不足，竹苗的鞭根吸水困难，不能满足枝叶蒸腾需要，会失水枯死。如果雨后林地排水不良，土壤中空气缺乏，竹根不能进行正常的吸收代谢，鞭根就会腐烂，同样会影响竹苗成活。因此，移植的竹苗只有在土壤疏松、湿润，又具备足够代谢水分的条件下才能生根成活。竹苗移植后要加强浇水，雨后要及时排水，方可确保成活。

2. 设支架固定，松土除草，确保成活

移植后，应及时检查，对大竹苗设支架，防止风吹摇动竹根，影响生根成活。同时在竹苗四周松土除草，细土培蔸，覆盖锄下来的杂草，减少水分蒸发，以利竹苗成活。

3. 合理施肥，确保成活

施肥可促进新竹生长，提早成园。在新移植竹园中，各种肥料都可以施用，迟效性的有机肥，如土杂肥、塘泥、植物残体、青草等，既可增强竹园肥力，又可改善土壤，冬季每亩施 500kg 左右，对越冬竹的鞭芽有好处。速效性的化肥，在生长季施用较好，穴施于竹蔸附近，促进竹鞭根吸收，促进新竹发育、生长。

参考文献

［1］ 恭维红，赖九江．园林树木栽培与养护．北京：中国电力出版
社，2009.

［2］ 南京市林业局，南京市园林科研所编．大树移植法．北京：中国
建筑工业出版社，2004.

［3］ 叶要妹．园林绿化苗木繁育技术．北京：化学工业出版
社，2011.

［4］ 徐晔春等．观赏乔木．北京：中国电力出版社，2012.

［5］ 吴泽民．园林树木栽培学．北京：中国农业出版社，2003.

［6］ 陈志远等．常用绿化树种苗木繁育技术．北京：金盾出版
社，2012.

［7］ 苏金乐．园林苗圃学．北京：中国农业出版社，2006.

［8］ 王鹏，贾志国，冯莎莎．园林树木移栽与整形修剪．北京：化学
工业出版社，2010.

［9］ 朱天辉，孙绪良．园林植物病虫害防治．北京：中国农业出版
社，2007.

欢迎订阅农业种植类图书

书号	书　名	定价/元
18211	苗木栽培技术丛书——樱花栽培管理与病虫害防治	15.0
18194	苗木栽培技术丛书——杨树丰产栽培与病虫害防治	18.0
15650	苗木栽培技术丛书——银杏丰产栽培与病虫害防治	18.0
15651	苗木栽培技术丛书——树莓蓝莓丰产栽培与病虫害防治	18.0
18188	作物栽培技术丛书——优质抗病烤烟栽培技术	19.8
17494	作物栽培技术丛书——水稻良种选择与丰产栽培技术	19.8
17426	作物栽培技术丛书——玉米良种选择与丰产栽培技术	23.0
16787	作物栽培技术丛书——种桑养蚕高效生产及病虫害防治技术	23.0
16973	A级绿色食品——花生标准化生产田间操作手册	21.0
18095	现代蔬菜病虫害防治丛书——茄果类蔬菜病虫害诊治原色图鉴	59.0
17973	现代蔬菜病虫害防治丛书——西瓜甜瓜病虫害诊治原色图鉴	39.0
17964	现代蔬菜病虫害防治丛书——瓜类蔬菜病虫害诊治原色图鉴	59.0
17951	现代蔬菜病虫害防治丛书——菜用玉米菜用花生病虫害及菜田杂草诊治图鉴	39.0
17912	现代蔬菜病虫害防治丛书——葱姜蒜薯芋类蔬菜病虫害诊治原色图鉴	39.0
17896	现代蔬菜病虫害防治丛书——多年生蔬菜、水生蔬菜病虫害诊治原色图鉴	39.8
17789	现代蔬菜病虫害防治丛书——绿叶类蔬菜病虫害诊治原色图鉴	39.9
17691	现代蔬菜病虫害防治丛书——十字花科蔬菜和根菜类蔬菜病虫害诊治原色图鉴	39.9
17445	现代蔬菜病虫害防治丛书——豆类蔬菜病虫害诊治原色图鉴	39.0
16916	中国现代果树病虫原色图鉴（全彩大全版）	298.0
16833	设施园艺实用技术丛书——设施蔬菜生产技术	39.0
16132	设施园艺实用技术丛书——园艺设施建造技术	29.0
16157	设施园艺实用技术丛书——设施育苗技术	39.0
16127	设施园艺实用技术丛书——设施果树生产技术	29.0

书号	书　名	定价/元
09334	水果栽培技术丛书——枣树无公害丰产栽培技术	16.8
14203	水果栽培技术丛书——苹果优质丰产栽培技术	18.0
09937	水果栽培技术丛书——梨无公害高产栽培技术	18.0
10011	水果栽培技术丛书——草莓无公害高产栽培技术	16.8
10902	水果栽培技术丛书——杏李无公害高产栽培技术	16.8
12279	杏李优质高效栽培掌中宝	18.0
22777	山野菜的驯化及高产栽培技术 50 例	29.0
22640	园林绿化树木整形与修剪	23.0
22846	苗木繁育及防风固沙树种栽培	28.0
22055	200 种花卉繁育与养护	39.0
23603	观赏灌木苗木繁育与养护	45.0
23195	园林绿化苗木栽培与养护	39.0
23583	果树繁育与养护管理大全	49.0
23015	园林绿化植物种苗繁育与养护	39.8

如需以上图书的内容简介、详细目录以及更多的科技图书信息，请登录 www.cip.com.cn。

邮购地址：(100011) 北京市东城区青年湖南街 13 号　化学工业出版社

服务电话：010-64518888，64519683（销售中心）；如要出版新著，请与编辑联系：010-64519351